普通高等教育"十二五"规划教材

AutoCAD建筑制图

编　著　谭　皓　张电吉
主　审　刘　幸　密新武

U0391025

中国电力出版社
CHINA ELECTRIC POWER PRESS

内 容 提 要

本书是普通高等教育"十二五"规划教材。全书共分 11 章，主要内容为 AutoCAD 2013 的基本知识、AutoCAD 2013 绘图环境设置、精确绘制图形、绘制二维图形、编辑图形、创建文字与表格、尺寸标注与编辑、图块与属性、图形查询与打印、三维图形建模、绘制建筑施工图。书中主要讲述了 AutoCAD 2013 的最新功能，重点介绍了绘制建筑图的步骤和技巧，注重实际操作能力的训练，除了第 11 章外，每章后均配有上机练习，所有图样都符合最新国家制图标准。

本书既可作为普通高等院校的本科教材，也可作为大中专院校的教材，还可作为国家制图员职业资格技能考试的培训教材，以及初学者和工程技术人员的参考书。

图书在版编目（CIP）数据

AutoCAD 建筑制图/谭皓，张电吉编著 . —北京：中国电力出版社，2013.6（2015.7 重印）

普通高等教育"十二五"规划教材

ISBN 978 - 7 - 5123 - 4613 - 0

Ⅰ. ①A⋯ Ⅱ. ①谭⋯②张⋯ Ⅲ. ①建筑制图－计算机辅助设计－AutoCAD 软件－高等学校－教材 Ⅳ. ①TU204

中国版本图书馆 CIP 数据核字（2013）第 134909 号

中国电力出版社出版、发行

（北京市东城区北京站西街 19 号 100005 http://www.cepp.sgcc.com.cn）

北京丰源印刷厂印刷

各地新华书店经售

*

2013 年 6 月第一版   2015 年 7 月北京第二次印刷

787 毫米×1092 毫米 16 开本 16 印张 383 千字

定价 28.00 元

敬 告 读 者

前　言

　　AutoCAD 2013 是由美国 AutoDesk 公司推出的最新版本的计算机辅助设计软件，它功能强大，界面直观，操作方便，适用面广。在全世界范围得到了广泛的应用，是每个从事建筑、土木工程、机械、电子、航空、航天、石油化工等相关行业的工程技术人员必须掌握的基本软件。

　　本书为行业精品教材。本书在介绍中文版 AutoCAD 2013 基本概念和基本操作的同时，特别强调实际操作能力的训练，章后都配有与教学内容紧密结合的上机操作练习。第 11 章特别突出了有关建筑施工图训练，其中包括楼梯剖面图、房屋立面图、房屋剖面图、房屋平面图。内容按照循序渐进、由易到难的顺序安排，可以帮助读者快速掌握 AutoCAD 2013 的应用技巧。本书对中文版 AutoCAD 2013 的新功能和以前版本相比变化比较大的部分，在目录的相应处加"☆"标记。

　　本书由谭皓、张电吉编著，汤平、张其云、杜永峰、卢海林、章国成、黄敏、祝启坤、胡国祥、汪恩军、吴巧云、周春梅、隗剑秋、张薇、李逢雨、白云、肖云、谭滢、喻星、魏小胜、潘鹏、王激扬、李房清、谢玉阳、李宝田、黎政等参加了本书的编写工作。刘幸教授、密新武教授审阅了全书。

　　在本书的编写过程中我们还参阅了有关文献，在此对这些文献的作者表示衷心的感谢。

　　本书的不足之处，恳请专家和读者批评指正。

编　者

目　录

第 1 章 AutoCAD 2013 基本知识

教学要点

★ AutoCAD 在工程中的应用
★ AutoCAD 的基本功能简介
★ 中文版 AutoCAD 2013 的工作空间
★ 中文版 AutoCAD 2013 的安装、启动和退出
★ 中文版 AutoCAD 2013 的经典操作界面
★ 图形文件管理

AutoCAD 是美国 AutoDesk 公司开发的计算机辅助设计软件（CAD，Computer Aided Design），是目前使用最普遍的计算机绘图软件之一，在建筑、土木、机械、汽车、电子、航天、造船、地质、石油化工、冶金、农业、气象、纺织、服装等多个领域得到了广泛应用，因为其适用面之广、拥有绘图功能之强大，受到广大工程技术人员的青睐。

1.1 AutoCAD 在工程中的应用

AutoCAD 的应用是建筑设计领域的一场技术革命，它使设计人员甩掉图板做设计成为了现实。它极大地提高了绘图效率，缩短设计周期，降低了成本，提高了设计质量。此外，还易于建立标准图库，使多种方案优选由理论探讨走向工程实际。

AutoCAD 软件通过自身的不断发展，在功能越来越强大的同时，操作也越来越简单。只要通过系统的学习，熟练掌握后，用户可以利用 AutoCAD 完成设计绘图工作。目前，多数的工程设计人员是从学习 AutoCAD 开始接触 CAD 应用技术的。同时，许多软件开发商也把 AutoCAD 作为平台开发了许多专业的设计软件。比如中国建筑科学研究院开发的 PK-PM 系列、北京天正天杰科技有限公司开发的天正系列、北京理正软件设计研究院开发的理正系列等。对于本科、大中专院校的学生来说，学好 AutoCAD 特别是获得国家制图员职业资格就可以增加就业竞争优势，并且能为就业后顺利从事相关工作打下坚实的基础。

AutoDesk 公司从 1982 年推出 AutoCAD 的第一个版本以来，已经对 AutoCAD 进行了多次升级。AutoCAD 2013 是该公司于 2012 年最新推出的一个版本。

1.2 AutoCAD 的基本功能简介

1. 图形绘制与编辑

使用 AutoCAD 中的"绘图"命令，可以绘制直线、构造线、多段线、圆、椭圆、矩形、正多边形等基本图形；借助"编辑"命令可以绘制各种二维图形，还能够把绘制的图形

转换为面域，并对其进行填充；通过编辑修改可以把二维图形增厚、拉伸、旋转等转换为三维图形；直接使用"建模"命令绘制长方体、圆柱体、圆锥体、棱锥体、球体和圆环体等三维实体。

2. 标注尺寸和文字

尺寸标注显示了图形对象的测量值，以及图形对象之间的距离、角度，是绘图过程中十分重要的一部分。AutoCAD 的"标注"菜单为用户提供了各种标注类型，可以进行水平、垂直、对齐、旋转、坐标、基线或连续等标注。标注的对象可以是二维图形或者三维图形。文字说明也是图形对象的重要组成部分，它能够更加清晰地表达图形内容。

3. 三维图形的渲染

渲染的图形比线框图形、着色图形更能表现三维对象的形状和大小，使设计者更容易表达自己的设计理念。在 AutoCAD 中，可以运用光源、雾化和材质，对三维图形进行渲染，使其成为具有真实感的图像。用户可以根据需要进行不同的渲染设置。

4. 图形输出和打印

绘制的图形可以通过 AutoCAD 支持的绘图仪或者打印机输出，也可以把不同格式的图形导入 AutoCAD ，或者把 AutoCAD 图形用其他格式输出。

1.3　中文版 AutoCAD 2013 的工作空间☆

中文版 AutoCAD 2013 提供了四种工作空间模式，分别是"二维草图与注释"、"三维基础"、"三维建模"和"AutoCAD 经典"。

1.3.1　选择工作空间

四种工作空间模式可以相互进行切换。单击快速访问工具栏中"工作空间"按钮，在打开的下拉列表中选择"工作空间"，如图 1-1 所示，也可以在状态栏中单击"切换工作空间"按钮，在打开的菜单中选择对应的绘图工作空间，如图 1-2 所示。

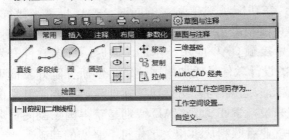
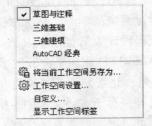

图 1-1　"工作空间"下拉列表　　　　　　图 1-2　"切换工作空间"按钮菜单

1.3.2　二维草图与注释工作空间

"二维草图与注释"工作空间的操作界面主要由"菜单浏览器"按钮、快速访问工具栏、"功能区"选项板、绘图窗口、命令行、状态栏等组成。在此工作空间中，用户可以使用"绘图"、"修改"、"图层"、"注释"、"块"、"文字"、"表格"、"标注"、"实用工具"等面板便捷地绘制二维图形，如图 1-3 所示。

1.3.3　三维基础工作空间

三维基础工作空间是由三维建模常用到的一些选项卡和面板组成。用户可以使用"创

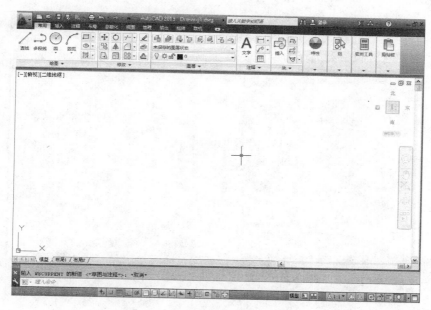

图 1-3　二维草图与注释工作空间

建"、"编辑"、"绘图"、"修改"、"选择"等面板对一些基础的三维模型进行快速创建和修
改。三维基础工作空间如图 1-4 所示。

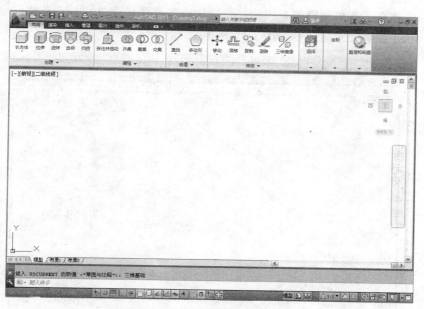

图 1-4　三维基础工作空间

1.3.4　三维建模工作空间

　　在"三维建模"工作空间的"功能区"选项板上集中了"建模"、"网格"、"实体编辑"、
"绘图"、"修改"、"截面"、"坐标"、"视图"和"渲染"等面板，从而为用户绘制三维图形、
观察三维图形、设置光源、附加材质、渲染等操作提供了十分便利的环境，如图 1-5 所示。

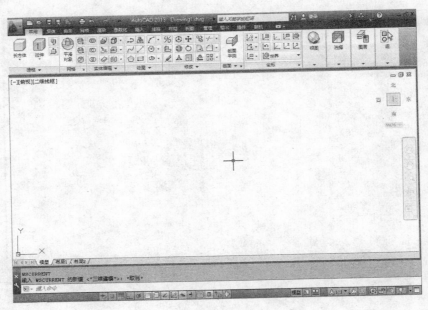

图 1-5　三维建模工作空间

1.3.5　AutoCAD 经典工作空间

对于习惯在 AutoCAD 传统界面操作的用户来说，可以使用 "AutoCAD 经典" 工作空间。该界面主要有 "菜单浏览器" 按钮、快速访问工具栏、菜单栏、工具栏、绘图窗口、命令行窗口、状态栏等元素组成，如图 1-6 所示。

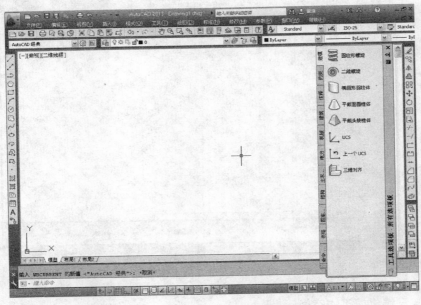

图 1-6　AutoCAD 经典工作空间

1.4　安装、启动、退出 AutoCAD 2013☆

1.4.1　AutoCAD 2013 的系统需求

安装 AutoCAD 2013 单机版时，将自动检测 Windows 操作系统是 32 位版本还是 64 位版本，并将安装适当的 AutoCAD 版本。不能在 64 位版本的 Windows 上安装 32 位版本的 AutoCAD。

操作系统：32 位

以下操作系统的 Service Pack 3（SP3）或更高版本：

- Microsoft® Windows® XP Professional
- Microsoft® Windows® XP Home

以下操作系统的 Service Pack 2（SP2）或更高版本：

- Microsoft Windows Vista® Enterprise
- Microsoft Windows Vista Business
- Microsoft Windows Vista Ultimate
- Microsoft Windows Vista Home Premium

以下操作系统：

- Microsoft Windows 7 Enterprise
- Microsoft Windows 7 Ultimate
- Microsoft Windows 7 Professional
- Microsoft Windows 7 Home Premium

浏览器：32 位

Internet Explorer® 7.0 或更高版本

处理器：32 位

Windows XP

Intel® Pentium® 4 或 AMD Athlon™双核，1.6 GHz

采用 SSE2 技术

Windows Vista 或 Windows 7

Intel Pentium 4 或

AMD Athlon 双核，3.0 GHz 或更高，采用 SSE2 技术

内　存：32 位

2 GB RAM（建议使用 4 GB）

操作系统：64 位

以下操作系统的 Service Pack 2（SP2）或更高版本：

- Microsoft® Windows® XP Professional

以下操作系统的 Service Pack 2（SP2）或更高版本：

- Microsoft Windows Vista® Enterprise
- Microsoft Windows Vista Business
- Microsoft Windows Vista Ultimate

- Microsoft Windows Vista Home Premium

以下操作系统：
- Microsoft Windows 7 Enterprise
- Microsoft Windows 7 Ultimate
- Microsoft Windows 7 Professional
- Microsoft Windows 7 Home Premium

浏览器：64 位

Internet Explorer® 7.0 或更高版本

处理器：64 位

AMD Athlon 64，采用 SSE2 技术

AMD Opteron™，采用 SSE2 技术

Intel Xeon®，具有 Intel EM64T 支持和 SSE2

Intel Pentium 4，具有 Intel EM 64T 支持并采用 SSE2 技术

内　存：64 位

2 GB RAM（建议使用 8 GB）

显示器分辨率：1024×768 真彩色

磁盘空间：安装 2.0 GB 以上

定点设备：MS-Mouse 兼容

介质（DVD）：从 8×的 DVD 下载并安装

NET Framework：NET Framework 版本 4.0

三维建模的其他需求：Intel Pentium 4 处理器

AMD Athlon，3.0 GHz

Intel 或 AMD 双核处理器，2.0 GHz 或更高

2 GB RAM

2 GB 可用硬盘空间（不包括安装需要的空间）

1280×1024 真彩色视频显示适配器 128 MB

（建议：普通图像为 256 MB，中等图像材质库图像为 512 MB）Pixel Shader 3.0 或更高版本

支持 Direct3D® 功能的工作站级图形卡

1.4.2　安装、启动、退出 AutoCAD 2013

1. 安装 AutoCAD 2013

AutoCAD 2013 软件以光盘形式提供，光盘中有名称为 SETUP.EXE 的安装文件。执行 SETUP.EXE 文件，单击"安装产品（I）"。按照提示进行安装，并输入序列号。安装成功后运行 AutoCAD 2013。双击桌面图标，在"AutoCAD 2013 产品激活"向导中，选择"激活产品"，然后单击"下一步"，将启动"现在注册"过程。在要求注册的那一页，选择"输入激活码"选项，并输入激活码，AutoCAD 2013 注册—激活成功，单击"完成"关闭对话框。

2. 启动、退出 AutoCAD 2013

安装 AutoCAD 2013 后，系统会自动在 Windows 桌面上生成 AutoCAD 2013 的快捷方

式，如图 1-7 所示。双击该快捷方式，就可以启动 AutoCAD 2013。也可以单击"开始"按钮，在弹出的"开始"菜单中选择"所有程序（P）"，从"所有程序（P）"菜单中选择"Autodesk"，在"Autodesk"中选择"AutoCAD 2013"程序组，再选择"AutoCAD 2013"程序项。AutoCAD 2013 启动画面如图 1-8 所示。AutoCAD 2013 欢迎使用画面如图 1-9 所示。

图 1-7　AutoCAD 2013
快捷方式图标

　　绘制编辑图形结束后，千万不要直接关机。关机的方法有五种：

（1）在命令行输入"EXIT"或"QUIT"命令。

（2）从"文件（F）"菜单中选择"退出（×）"命令或组合键 Ctrl＋Q。

图 1-8　AutoCAD 2013 启动画面

图 1-9　AutoCAD 2013 欢迎使用画面

（3）用鼠标单击 AutoCAD 2013 窗口右上角的"关闭"图标"×"退出 AutoCAD。

（4）用鼠标单击 AutoCAD 2013 窗口左上角菜单浏览器的图标，在打开的菜单中单击"文件"/"关闭"命令。

（5）用鼠标单击 AutoCAD 2013 窗口左上角菜单浏览器的图标，在下拉的菜单中选择"退出 AutoCAD"命令，就可退出 AutoCAD 2013。

1.5　中文版 AutoCAD 2013 经典操作界面☆

AutoCAD 2013 的经典操作界面由"菜单浏览器"按钮、"快速访问"工具栏、标题栏、"功能区"选项板、菜单栏、各种工具栏、绘图窗口、光标、命令行窗口、坐标系图标、状态栏、模型/布局 1/布局 2 选项卡等组成，如图 1-10 所示。

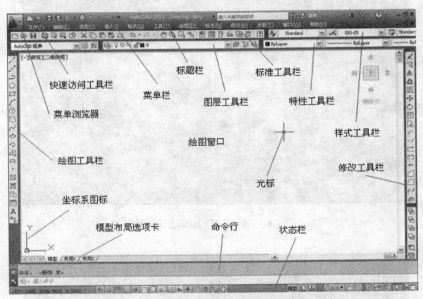

图 1-10　AutoCAD 2013 的经典工作空间组成

1.5.1　菜单浏览器

"菜单浏览器"位于操作界面左上角，单击红色大 A 字符下小三角形按钮，将弹出 AutoCAD 菜单，如图 1-11 所示。用户选择菜单项后就可以执行相应命令操作。

1.5.2　"快速访问"工具栏

在 AutoCAD 2013 的操作界面的顶部、菜单浏览器的右侧设置有"快速访问"工具栏，如图 1-12 所示，在默认状态下，"快速访问"工具栏中包含有六个最常用的快捷按钮，分别为"新建"按钮、"打开"按钮、"保存"按钮、"另存为"按钮、"Cloud 选项"按钮、"打印"按钮、"放弃"按钮和"重做"按钮、"工作空间"按钮。在"快速访问"工具栏中添加按钮，可以用鼠标右键单击"快速访问"工具栏，打开"自定义用户界面"对话框，在列表中勾选相应命令选项。

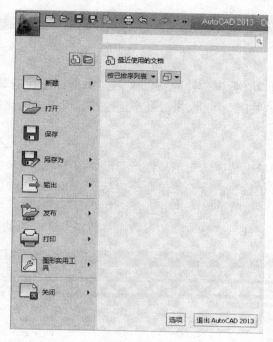

图 1-11　"菜单浏览器"的菜单

1.5.3　"功能区"选项板

"功能区"选项板位于绘图窗口的上方，它是一种特殊的选项板，用于显示与工作空间关联的操作命令按钮和控件。在默认状态下，

图 1-12　"快速访问"工具栏

"二维草图和注释"空间中的"功能区"选项板有"常用"、"插入"、"注释"、"布局"、"参数化"、"视图"、"管理"、"输出"、"插件"和"联机"十个选项卡。每个选项卡都包含若干个面板，而每个面板又包含一些由图标表示的命令按钮，如图 1-13 所示。

图 1-13　"功能区"选项板

1.5.4　标题栏

标题栏也位于 AutoCAD 2013 操作界面的顶部，在"快速访问"工具栏的右侧，如图 1-14 所示。它可以显示当前正在运行的 AutoCAD 2013 程序图标以及所操作图形文件的名称等信息，AutoCAD 2013 默认的图形文件的名称为 Drawing1. dwg。

在搜索框中输入关键字或者短语，然后单击"搜索"按钮，可以在帮助文件中搜索；还可以进行用户登录，登录成功后，就可以试用该软件提高"Cloud"功能；单击按钮，可以转到官方的扩展应用网站；单击"保持连接"按钮，就可以获得最新的软件更新；

图 1-14　标题栏

单击"帮助"按钮⊙，可以查看该软件的帮助文件。单击标题栏右端的三个按钮，分别是"最小化"、"最大化"和"关闭"。可以执行最小化操作界面、最大化操作界面、关闭 Auto-CAD 2013 操作界面的操作。

1.5.5　菜单栏

用户可以用鼠标右键单击快速访问工具栏，弹出如图 1-15 所示的快捷菜单，在弹出的快捷菜单中选择"显示菜单栏"命令。菜单命令包括了 AutoCAD 2013 中绝大部分的功能和命令，如图 1-16 所示的经典菜单栏。其中包含"文件"、"编辑"、"视图"、"插入"、"格式"、"工具"、"绘图"、"标注"、"修改"、"参数"、"窗口"和"帮助"主菜单。

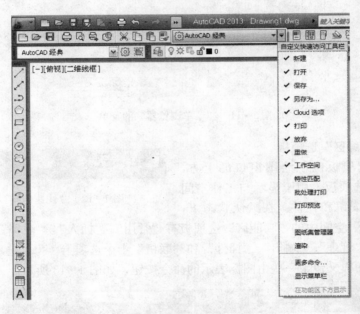

图 1-15　快速访问工具栏的右键快捷菜单

图 1-16　经典菜单栏

单击菜单栏中某一项主菜单会出现下拉子菜单，除了菜单栏菜单以外还有鼠标右键快捷菜单和屏幕菜单。

（1）下拉子菜单：单击菜单栏中的某一项，会弹出相应的下拉菜单。如图 1-17 所示为主菜单"绘图"的下拉菜单。

1）在下拉菜单中，右侧有小三角的菜单项，表示它还有子菜单。图 1-17 显示出了"绘图"主菜单中绘制"圆弧"子菜单。

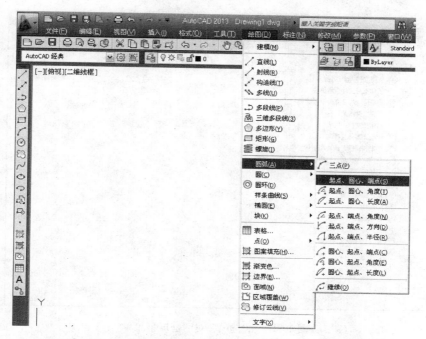

图 1-17　主菜单"绘图"的下拉菜单和绘制"圆弧"子菜单

2）右侧有"…"的菜单项，表示单击该菜单项之后要显示出一个对话框。

3）右侧没有内容的菜单项，单击它后会执行对应的操作命令。

4）右侧有组合键的菜单项，按下组合键就可以执行菜单命令。

5）菜单项呈灰色，表示该命令在当前状态下不能使用。

（2）鼠标右键快捷菜单：鼠标的光标落在绘图窗口内时，单击鼠标右键会弹出"鼠标右键"快捷菜单，如图 1-18 所示。

（3）屏幕菜单：在 AutoCAD 2013 中有一个隐蔽的屏幕菜单，单击鼠标右键，在快捷菜单中选择"选项"命令，就会弹出"选项"对话框，如图 1-19 所示。

1.5.6　工具栏

AutoCAD 2013 提供了近 40 个工具栏，每一个工具栏上均有一些形象化的按钮。单击某一按钮，可以启动 AutoCAD 2013 的对应命令。

图 1-18　"鼠标右键"
快捷菜单

用户可以根据需要打开或者关闭任一个工具栏。方法是在已有工具栏上单击鼠标右键，AutoCAD 2013 将弹出工具栏快捷菜单，通过它可以实现工具栏的打开与关闭。图 1-20、图 1-21 所示分别为"绘图"工具栏和"修改"工具栏。

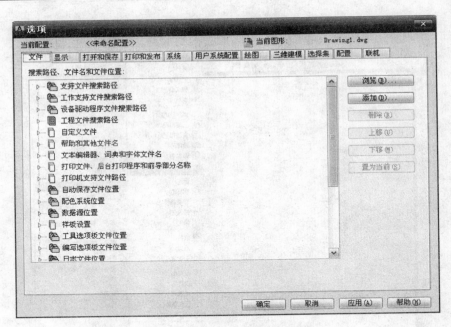

图 1-19　　"选项"对话框屏幕菜单

1.5.7　绘图窗口

绘图窗口相当于手工绘图时的图纸，是 AutoCAD 2013 绘制图形并显示所绘制图形的工作区域，如图 1-10 所示。

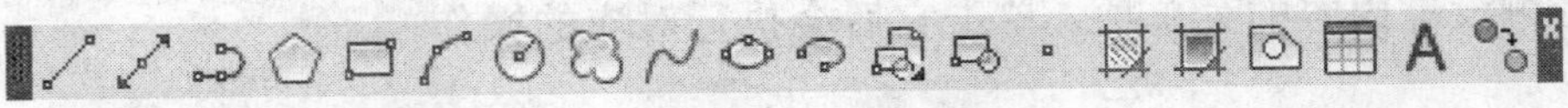

图 1-20　　"绘图"工具栏

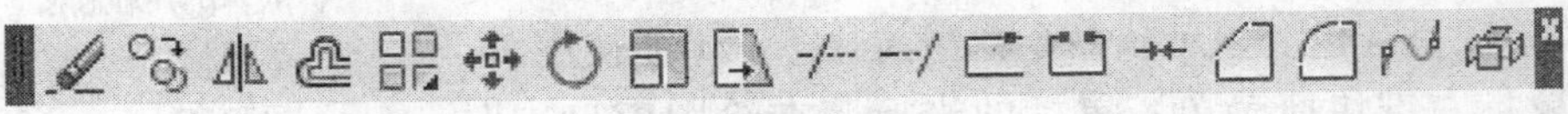

图 1-21　　"修改"工具栏

1.5.8　光标

当光标位于 AutoCAD 2013 的绘图窗口时为十字形状，所以也称为十字光标。十字线的交点为光标的当前位置。AutoCAD 2013 的光标用于绘图、选择图形对象、编辑等操作。

1.5.9　坐标系图标

坐标系图标通常位于绘图窗口的左下角，表示当前绘图所使用的坐标系的形式以及坐标方向等。AutoCAD 2013 提供有世界坐标系（World Coordinate System，WCS）和用户坐标系（User Coordinate System，UCS）两种坐标系。世界坐标系为系统默认坐标系。

1.5.10　命令行窗口

"命令行"窗口位于绘图窗口的底部，是 AutoCAD 2013 显示用户从键盘键入的命令和显示系统提示信息的地方。在默认状态下 AutoCAD 2013 在命令窗口保留最后三行所执行的命令或提示信息。在 AutoCAD 2013 中，"命令行"窗口可以拖动成为浮动窗口，如图 1-22

所示。可以通过拖动窗口边框以改变命令窗口的大小，使"命令行"窗口显示多于三行或少于三行的信息。

处于浮动状态的"命令行"窗口随着拖放位置的不同，标题显示的方向也不一样，图 1-22 所示为"命令行"窗口靠近绘图窗口左边时标题栏的显示情况。如果将"命令行"窗口拖放到绘图窗口的右边，这时"命令行"窗口的标题栏将出现于右边。

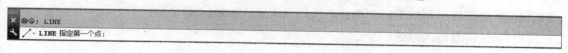

图 1-22　AutoCAD 2013 的"命令行"窗口

1.5.11　状态栏

状态栏位于操作界面的最底部，用来显示或者设置当前的绘图状态，如图 1-23 所示。状态栏上位于左侧的一组数字反映当前光标的坐标，其余按钮从左到右分别表示当前是否启用了捕捉、栅格、正交、极轴追踪、对象捕捉、对象捕捉追踪、动态 UCS、动态输入、快捷特性等功能以及是否显示线宽、模型空间、布局空间、快速查看布局、快速查看图形、平移、缩放、Stree Wheel、Show Motion、注释比例、注释可见性、自动缩放、切换工作空间、图层锁定、全屏显示等信息。

图 1-23　AutoCAD 2013 状态栏

1.5.12　工具选项板

工具选项板是用来组织、共享、放置块、图案填充以及其他工具的一种有效方法。用户可以自定义工具选项板的内容，以便使绘制图形更加快捷。

单击"菜单浏览器"按钮，在弹出的菜单中选择"工具"/"选项板"/"工具选项板"命令来打开"工具选项板"。如图 1-24 所示，它由"建模"、"约束"、"注释"、"建筑"、"机械"、"电力"、"土木工程"、"结构"、"图案填充"、"表格"等选项卡组成。

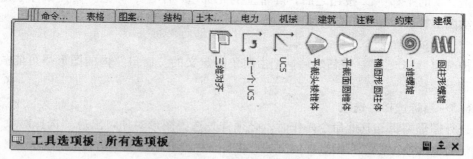

图 1-24　工具选项板

1.5.13　滚动条

拖动水平和垂直滚动条，可以使绘图窗口中显示的图形对象沿水平方向或者垂直方向移动。

1.5.14　模型/布局 1/布局 2 选项卡

模型/布局选项卡：表示当前的空间是"模型空间"还是"布局空间"。如果显示是"布局"，就显示是在图纸空间之中，单击该选项卡可以实现模型空间与两个图纸空间的切换。

1.6　AutoCAD 2013 基本操作

1.6.1　执行 AutoCAD 2013 命令的方式
用户主要可以采用以下四种途径来执行 AutoCAD 2013 的命令：
(1) 通过键盘输入命令。
(2) 通过菜单执行命令。
(3) 通过工具栏执行命令。
(4) 通过功能区的选项板执行命令。

1.6.2　透明命令
透明命令是指在执行 AutoCAD 2013 的命令过程中可以穿插执行的某些命令。

当在绘图过程中需要透明执行某一命令时，可以直接选择对应的菜单命令或者单击工具栏上的对应按钮，而后根据提示执行对应的操作。透明命令执行完毕后，AutoCAD 2013 会返回到执行透明命令之前的提示，继续执行先前的操作。

通过键盘执行透明命令的方法为：在当前提示信息后输入"'"符号，再输入对应的透明命令之后按回车键或者空格键，就可以根据提示执行该命令的对应操作，执行后 Auto-CAD 2013 会返回到透明执行此命令之前的提示。

常用的透明命令包括"实时缩放"、"实时平移"、"窗口缩放"、"缩放上一个"等。透明命令执行完之后，可以继续执行原命令。

1. "实时缩放"命令

单击"实时缩放"🔍 按钮之后，屏幕上的光标会呈现一个放大镜的标记。按住鼠标左键向上移动图形将会放大，向下移动图形将会缩小。按"Esc"键或者回车键退出。

2. "实时平移"命令

单击"实时平移"✋ 按钮之后，屏幕上的光标呈一小手的标记。按住鼠标左键向上下左右移动图形将会跟着上下左右移动。按"Esc"键或回车键退出。

3. "窗口缩放"命令

单击"窗口缩放"🔍 按钮之后，把由两角点定义的"窗口"内的图形尽可能放大并显示到屏幕上。

1.6.3　目标选择、选取
在进行图形编辑和其他命令操作时，必须首先选择图形对象，出现"选择对象"同时，鼠标光标将变为小方框。目标选择的方法有多种，主要介绍下面的方法。

1. 单点选择

用鼠标左键直接点取要选择的目标。此时对象变为虚线，表示被选中，如图 1 - 25 所示。

2. 窗口方式选择

该选择方式是由左向右拉一个实线矩形框，凡被此矩形框所框住的对象均被选中，如图 1 - 26 所示。

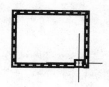

图 1-25　单点选择

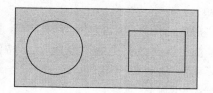

图 1-26　窗口方式选择

3. 窗交方式选择

该选择方式是由右向左拉一个虚线矩形框，凡与此矩形框相交的对象均被选中，如图 1-27 所示。

4. 全部选择

该选择方式是在命令行窗口输入 ALL，可以选择除了冻结层以外的所有图形对象。

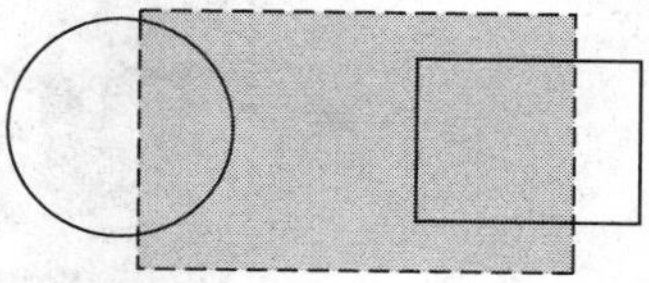

1.6.4　命令的重复、取消与重做

1. 重复命令

AutoCAD 2013 中，用户可以使用多种方法来重复执行

图 1-27　窗交方式选择

AutoCAD 2013 命令。例如，要重新执行上一个命令，可以按回车键或者空格键，或者在绘图区域中单击鼠标右键，从弹出的快捷菜单中选择"重复"命令；要重复执行最近使用的命令，可以在命令窗口或者文本窗口中单击鼠标右键，从弹出的快捷菜单中选择"最近的输入"命令就可以多次重复执行同一个命令，也可以在命令行提示下输入 MULTIPLE 命令，然后在"输入要重复的命令名："提示下输入需要重复执行的命令，系统将重复执行该命令，直到用户按"Esc"键为止。

2. 取消命令

作用：用于取消前面进行的一个或者多个命令的输入方式。

(1) 单击"快速访问"工具栏中"取消" ⤺ 按钮。

(2) 单击"标准"工具栏中"取消" ⤺ 按钮。

(3) 下拉菜单："编辑" / "放弃"。

(4) 命令行：Undo 或 U ↙（↙表示 Enter 回车键）

3. 重做

如果要重做，使用 Redo 命令重做最后一个命令操作。

(1) 单击"快速访问"工具栏中"重做" ⤵ 按钮。

(2) 单击"标准"工具栏中"重做" ⤵ 按钮。

(3) 下拉菜单："编辑" / "重做"。

(4) 命令行：Redo 或 R ↙

1.7　AutoCAD 2013 图形文件管理☆

1.7.1　创建新图形

"新建"命令可以新建一个图形文件。

1. 命令调用

(1) 单击"快速访问"工具栏中"新建" □ 按钮。

(2) 单击"标准"工具栏上的"新建" □ 按钮。

(3) 下拉菜单:"文件"/"新建"。

(4) 命令行:NEW↙

2. 操作说明

执行 NEW 命令后,AutoCAD 2013 会打开"选择样板"对话框,如图 1-28 所示。

图 1-28 选择样板对话框

通过"选择样板"对话框选择相应的样板后,对于初学者来说可以选择样板文件 acadiso. dwt,单击"打开"按钮,就会以选择的样板为模板建立一个新图形。

1.7.2 打开图形

"打开"命令可以打开一个已经存在的图形文件。

1. 命令调用

(1) 单击"快速访问"工具栏中"打开" ▷ 按钮。

(2) 单击"标准"工具栏上的"打开" ▷ 按钮。

(3) 下拉菜单:"文件"/"打开"。

(4) 命令行:OPEN↙

2. 操作说明

执行 OPEN 命令,系统会打开"选择文件"对话框,可以通过"选择文件"对话框选定需要打开的文件并且可以打开此文件,如图 1-29 所示。

1.7.3 保存图形

在 AutoCAD 2013 中,用户可以把已经绘制好的图形用多种方式进行保存。

1. 用 SAVE 命令保存图形

(1) 命令调用。

1) 单击"快速访问"工具栏上的"保存" 🖫 按钮。

2) 单击"标准"工具栏上的"保存" 🖫 按钮。

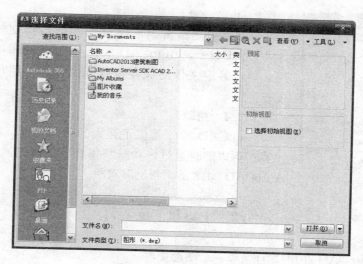

图1-29　选择文件对话框

3）下拉菜单："文件"／"保存"。

4）命令行：SAVE↙

（2）操作说明。

执行 SAVE 命令，如果当前图形没有命名保存过，AutoCAD 2013 会弹出"图形另存为"对话框。通过该对话框指定文件的保存位置及名称后，单击"保存"按钮，就可以保存文件，如图1-30所示。

如果执行 SAVE 命令前已经对当前绘制的图形命名保存过，那么执行 SAVE 后，Auto-CAD 2013 直接以原文件名保存图形，不再要求用户确定文件的名称和保存位置。

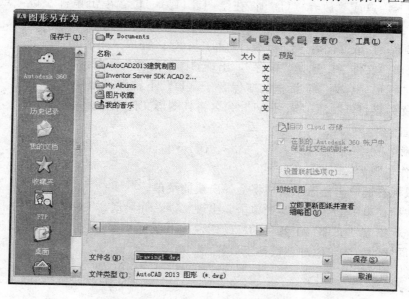

图1-30　"图形另存为"对话框

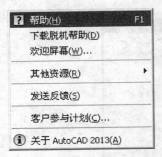

图 1 - 31　AutoCAD 2013 的
"帮助"菜单

2. 换名存盘

换名存盘是指将当前绘制的图形以新文件名存盘。执行 SAVE AS 命令，AutoCAD 2013 会打开"图形另存为"对话框，要求确定文件的保存位置和文件名，用户可以按照要求操作。

1.7.4　帮助

AutoCAD 2013 提供了强大的帮助功能，用户在绘制图形过程中可以随时通过该功能获得相应的帮助。图 1 - 31 所示为 AutoCAD 2013 的"帮助"菜单。

1.8　上　机　练　习

1. 启动 AutoCAD 2013 并且新建一个图形文件。

（1）启动 AutoCAD 2013，创建一个新图形文件并保存在自己的文件夹中。

（2）操作步骤为：

1）在 D 盘上新建立一个文件夹，以"张三"命名（或者以自己的名字命名）。

2）双击桌面上的"AutoCAD 2013"程序图标，启动 AutoCAD 2013。

3）单击"标准"工具栏上的"新建"按钮，弹出"选择样板"对话框，在名称列表中选择"acadiso. dwt"样板，创建一个 AutoCAD 2013 新文件。

4）单击"绘图"工具栏中"直线"按钮，执行 LINE 命令。

5）LINE 指定第一点：在绘图窗口单击鼠标左键，任意点取一点。

6）指定下一点或［放弃（U）：在绘图窗口另一位置单击鼠标左键，点取三角形第二点。

7）指定下一点或［放弃（U）］：在绘图窗口另一位置单击鼠标左键，点取三角形第三点。

8）指定下一点或［闭合（C）/放弃（U）］：C↙完成三角形绘制。

9）从菜单"文件"中选择"保存"，出现"图形另存为"对话框。

10）在"图形另存为"对话框的"保存于（I）"下拉列表框中找到 D 盘"张三"文件夹，并将其文件夹打开。以"练习 A1"为名将其图形文件保存。

2. 加载工具栏。

（1）加载"文字"工具栏。

（2）操作步骤为：

1）用鼠标右键单击任意工具栏将会弹出快捷菜单。

2）在快捷菜单中的"文字"处单击，出现"√"并显现"文字"工具栏。

3）将光标指向"文字"工具栏的标题栏，按下鼠标左键把它拖拉到绘图窗口四周合适的位置，用同样的方法可以加载其他工具栏。

3. 加载"查询"工具栏。

第 2 章　AutoCAD 2013 绘图环境设置

教学要点

★　AutoCAD 2013 的坐标系
★　设置绘图环境
★　创建图层
★　图层的基本操作
★　图层管理
★　图层工具

在使用 AutoCAD 2013 绘图之前，需要设置绘图环境的某些参数，从而建立基本的绘图环境。如设置绘图范围、绘图单位、图层、线型、线宽等，以便规范绘图，提高绘图效率。

2.1　AutoCAD 2013 的坐标系

2.1.1　世界坐标系和用户坐标系

在绘制图形过程中需要把某个坐标系作为参照系，坐标可以精确定位某个点的空间位置。用户可以利用 AutoCAD 2013 提供的坐标系来精确地设计并绘制图形。

坐标（x，y）是表示点的最基本的方法。在 AutoCAD 2013 中，世界坐标系和用户坐标系都可以通过坐标（x，y）来精确定位点。系统默认绘制新图形时当前的坐标系为世界坐标系。

1. 世界坐标系（WCS）

世界坐标系（WCS）包括 X 轴和 Y 轴（如果在三维工作空间，还有一个 Z 轴）。这三个坐标轴相互垂直并且相交。X 轴正方向水平向右，Y 轴正方向垂直向上，Z 轴正方向垂直指向屏幕外。在坐标轴的交汇处显示一个"口"形标记，如图 2-1（a）所示，但世界坐标系的坐标原点并不在坐标轴的交汇点，而是在绘图窗口的左下角，其坐标轴方向和坐标原点固定不变，所有点的位置都是相对于坐标原点来计算的。绘制二维图形时，Z 坐标取值为 0。

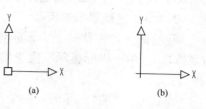

图 2-1　二维世界坐标系

2. 用户坐标系（UCS）

用户在绘图过程中，需要经常更改坐标系的原点和方向，把世界坐标系（WCS）变为用户坐标系（UCS）。用户坐标系的原点可以定义为世界坐标系的任意位置，坐标轴也可以设置成任意角度。用户坐标系的坐标轴交汇处没有"口"形标记，如图 2-1（b）所示。

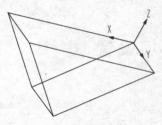

图 2-2　用户坐标系的应用

用户坐标系可以根据具体需要来定义，这一点在创建三维模型时要用到三维坐标，设置用户坐标系可以选择"工具"主菜单的下拉菜单中"新建 UCS"和"命名 UCS"命令，或者在命令行直接输入 UCS 命令。例如，选择"工具"/"新建 UCS"/"面（F）"命令，可以将 UCS 设置在斜面上，并且与侧立面重合或者平行的状态，如图 2-2 所示。

2.1.2　点坐标的表示方法

在 AutoCAD 2013 中，有绝对直角坐标、相对直角坐标、绝对极坐标和相对极坐标四种表示点坐标的方法，它们都具有自己的特点。

1. 绝对坐标

绝对坐标是指相对于当前坐标系原点的坐标，用户以绝对坐标的形式输入点的坐标，可以采用直角坐标或者极坐标。

（1）绝对直角坐标。

绝对直角坐标表示某点的 X、Y、Z 坐标值，是从原点（0，0）或（0，0，0）出发到某点的位移，X 坐标值为正值方向指向右，Y 坐标值为正值方向指向上，Z 坐标值为正值方向指向屏幕外。用键盘键入一个二维点的 X，Y 坐标时，中间用逗号（"，"）隔开，坐标值可以使用分数、小数等，也可以为负值，表示与指定正向方向相反。例如，点（10.8，20）和点（20.5，20，−30.8）等。

（2）绝对极坐标。

绝对极坐标是从原点（0，0）或（0，0，0）出发到某点的位移，但绝对极坐标给定的是距离和角度，其中距离和角度用"<"分开，且规定"角度"方向以逆时针方向为正，以顺时针方向为负，取 X 轴正向为 0°，Y 轴正向为 90°。例如：点 10.8<45 和点 50<30 等。

2. 相对坐标

相对直角坐标是相对于某一点的 X 轴和 Y 轴的位移。相对极坐标是相对于某一点的距离和角度。它的表达方法是在绝对坐标表达方式之前加上"@"号，例如（@20，18）和 @30<60。其中，相对极坐标中的角度是新点和上一点连线与 X 轴的夹角。

2.1.3　坐标显示的控制

在绘图窗口中移动十字光标时，当前光标的坐标会在状态栏上动态显示出来，在 Auto-CAD 2013 中，坐标显示取决于用户所选择的模式和程序中运行的命令，系统总共有以下三种模式。

模式 0，"关"：显示上一个拾取点的绝对坐标，光标坐标不能动态更新，只有在拾取一个新点时，显示才会更新。当选择"模式 0"时，坐标显示是灰色的，表示已经关闭坐标显示，如图 2-3（a）所示。

模式 1，"绝对"：显示光标的绝对坐标，该值是处于动态更新的，在默认情况下，系统显示方式为打开，如图 2-3（b）所示。

模式 2，"相对"：显示一个相对极坐标。当选择"模式 2"时，如果当前处在拾取点状态，系统将显示光标所在位置与上一个点之间的距离和角度，如图 2-3（c）所示。当离开拾取点状态时，系统将恢复到"模式 1"。

在绘图过程中，用户可以随时单击状态栏的坐标显示区域、按下 F6 键或"Ctrl ＋ D"，在这三种模式之间进行切换。

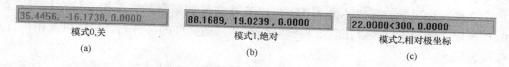

模式0,关　　模式1,绝对　　模式2,相对极坐标
(a)　　　　(b)　　　　(c)

图 2-3　坐标的三种显示模式

2.2　设置绘图环境

在使用 AutoCAD 2013 绘图之前，需要对绘图环境参数、绘图单位、绘图区域进行设置，确定绘制的图形与实际尺寸的关系，以便更适合自己的使用习惯，从而提高绘图的效率。

2.2.1　设置参数选项

AutoCAD 2013 的参数设置的途径是先打开"选项"对话框，再设置绘图环境参数。

1. 命令调用

（1）下拉菜单："工具" / "选项"。

（2）命令行：OPTIONS✓

2. 操作说明

执行 OPTIONS 命令，可打开"选项"对话框。在该对话框内包含"文件"、"显示"、"打开和保存"、"打印和发布"、"系统"、"用户系统配置"、"绘图"、"三维建模"、"选择集"、"配置"和"联机"十一个选项卡，如图 2-4 所示。

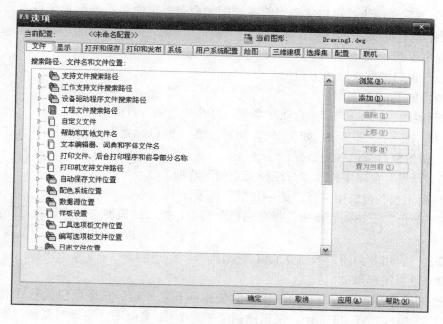

图 2-4　"选项"对话框

（1）各选项卡含义。

1）"文件"选项卡：列出 AutoCAD 2013 支持文件搜索路径、工作支持文件搜索路径、设备驱动程序文件搜索路径、工程文件搜索路径和其他文件的文件名、位置以及用户自定义的一些设置。

2）"显示"选项卡：用于设置窗口元素、显示精度、布局元素、显示性能、十字光标大小和参照编辑的淡入度等显示属性。

3）"打开和保存"选项卡：设置保存和打开文件、文件的安全措施、是否自动保存文件，以及自动保存文件的时间间隔，是否有维护日志，是否需要加载外部参照文件等。

4）"打印和发布"选项卡：设置 AutoCAD 2013 的输出设备。系统默认的输出设备为 Windows 打印机。在输出大幅面的图形时，用户也可以采用绘图仪。

5）"系统"选项卡：设置当前三维性能，设置当前定点设备、布局重生成选项、数据库连接选项、是否显示 OLE 特性对话框、是否显示所有警告信息、是否在用户出错时有声音提示等。

6）"用户系统配置（A）"选项卡：设置是否使用快捷菜单、双击进行编辑、坐标数据输入时优先级、插入比例、关联标注、是否显示字段的背景等操作。

7）"草图"选项卡：设置自动捕捉、对象捕捉选项、靶框大小、自动捕捉标记框的大小、对齐点获得等操作。

8）"三维建模"选项卡：设置三维十字光标，三维对象显示、动态输入显示、三维导航等操作。

9）"选择集"选项卡：设置拾取框大小、选择集预览、选择集模式、夹点大小和颜色等。

10）"配置"选项卡：可以实现当前系统配置命名、重命名系统配置文件、删除系统配置文件等操作。

（2）应用示例。

设置绘图窗口的背景颜色为白色。

操作步骤如下：

1）选择菜单栏"工具"/"选项"命令，打开"选项"对话框。

2）选择"显示"选项卡，如图 2-5 所示。在"窗口元素"选项组中单击"颜色"按钮，打开"图形窗口颜色"对话框。

3）在"背景"窗口中选择"二维模型空间"选项。

4）"界面元素"窗口中选择"统一背景"选项。

5）在"颜色"下拉列表框中选择"白色"选项，把二维模型空间背景颜色设置为白色，如图 2-6 所示。

6）单击"应用并关闭"按钮完成设置操作。

2.2.2　设置图形单位

设置绘图单位格式是指定义绘制图形时使用的长度单位、角度单位的格式和它们的精度。在中文版 AutoCAD 2013 中，采用比例因子为 1∶1 来绘图，图形对象能以真实大小来绘制。使用公制时，通常采用 mm、cm、m 和 km 等作为单位，mm 是建筑制图中最常用的一种绘图单位。不论采用何种单位，在绘图时只能以图形单位来计算绘图尺寸。图形的单位

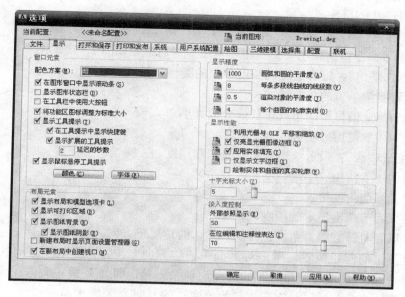

图 2-5　"显示"选项卡

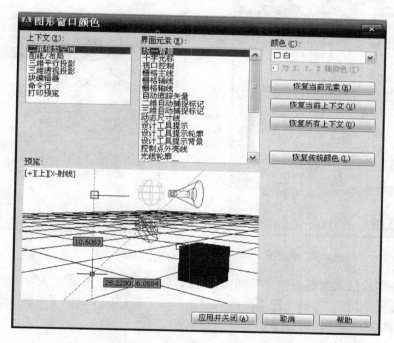

图 2-6　在"图形窗口颜色"对话框中设置背景为白色

和格式是工程制图的标准，所以在模型空间中进行绘制之前，首先要设置正确的单位和格式。

1. 命令调用

设置绘图单位和精度的途径如下：

（1）下拉菜单："格式" / "单位…"。

（2）命令行：UNITS ↙

2. 操作说明

执行 UNITS 命令，会弹出一个"图形单位"对话框，如图 2-7 所示。

（1）"长度选项组"：设置绘图的长度单位的类型和精度。

类型：设置测量单位的当前格式。

精度：线型测量值显示的小数位数或分数大小。

建筑制图中一般使用"小数"和"0.0"。

（2）"角度选项区"：设置绘图的角度格式和精度。

建筑制图中一般使用"十进制度制"和"0"。

类型：设置当前角度格式。

精度：设置当前角度显示的精度。

顺时针：以顺时针方向为角度正方向，默认的角度正方向为逆时针方向。

设置角度测量的起始位置，单击对话框中的"方向"按钮，弹出"方向控制"子对话框，如图 2-8 所示。设置起始角度 0°的方向为正东方向，即为 X 轴正向。建筑制图中一般选择默认的角度正方向为逆时针方向，起始角度 0°的方向为 X 轴正向。

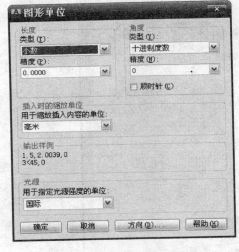

图 2-7　"图形单位"对话框

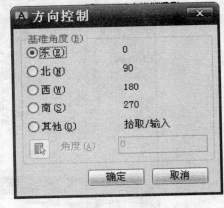

图 2-8　"方向控制"对话框

（3）"用于缩放插入内容的单位"列表框：选择图形单位，系统默认为"毫米"。

（4）"光源选项组"：选择光源单位的类型。AutoCAD 2013 提供了三种光源单位：国际标准、美制和常规。选用国际标准。

（5）单击"确定"按钮。

2.2.3　设置绘图界限

绘图界限就是绘图的区域和范围。

1. 命令调用

设置绘图界限的途径如下：

（1）下拉菜单："格式" / "图形界限"。

（2）命令行：LIMITS ↙

　　绘图界限确定的区域是栅格指示可见的区域，如图 2-9 所示。再选择 "视图" / "缩放" / "全部" 命令，也就是执行 ZOOM 命令的 "全部（A）" 选项，可以使设置的图形界限尽可能充满绘图窗口。

2. 操作说明

设置绘图界限的步骤如下：

（1）在命令行中输入 LIMITS，命令行提示如下：

指定左下角或 [开（ON）/关（OFF）]〈0.000，0.000〉：✓

指定右上角点〈420.0000，210.0000〉：@420，297 ✓

（2）在执行 LIMITS 命令的过程中，将出现四个选项，分别为 "开"、"关"、"指定左下角点" 和 "指定右上角点"。

1）"开" 选项：打开绘图范围检验功能，如果所绘制图形超出了绘图界限，系统将不绘出此图形，并给出提示信息，以确保绘图的正确性。

2）"关" 选项：关闭绘图范围检验功能。

3）"指定左下角点" 选项：设置绘图界限左下角坐标。

4）"指定右上角点" 选项：设置绘图界限右上角坐标。

（3）输入 ZOOM ✓

（4）输入 A ✓，再单击状态栏中的栅格按钮，用栅格将图形界限全部显示在屏幕上。

一般的绘图界限可按国家标准 GB 规定的图幅设置，常用的为 0#（1189，841）、1#（841，594）、2#（594，420）、3#（420，297）、4#（297，210）。

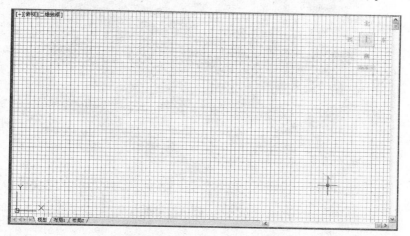

图 2-9　栅格指示可见的绘图界限

2.3　设　置　图　层

图层可以想象成一叠没有厚度的透明纸，将具有不同特性的实体对象分别置于不同的图层，各层之间完全对齐，各层按同一基准点对齐，就可得到一幅完整的图形。在 AutoCAD 2013 中，图层的功用要比 "透明纸" 强大得多，用户可以创建多个图层，然后将相关的图形对象放在同一层上来管理，如图 2-10 所示。

在 AutoCAD 2013 中，图层具有以下特性：

（1）用户可以在一幅图形中新建任意数量的图层，每一图层上的实体对象数没有任何限制，但只能在当前图层上绘制图形。

（2）每一个图层都有一个层名，以便加以区别。当开始绘制新图时，AutoCAD 2013 自动创建的层名为"0"图层，并置为当前层，这是系统的默认图层，其余图层需要自己定义。

（3）图层有颜色、线型、线宽等特性。在一般情况下，一个图层上的实体对象只能是一种线型，一种颜色，但可以改变图层的线型、线宽、颜色等特性。

（4）各图层具有相同的坐标系、绘图界限、缩放倍数，用户可以对位于不同图层上的对象同时进行编辑操作。

（5）对各个图层可以进行打开（LAYON）、关闭（LAYOFF）、冻结（LAYFRZ）、解冻（LAYTHW）、隔离（LAYISO）、取消隔离（LAYUNISO）、锁定（LAYLCK）与解锁（LAYULK）等操作，来决定各图层的可见性与可操作性。

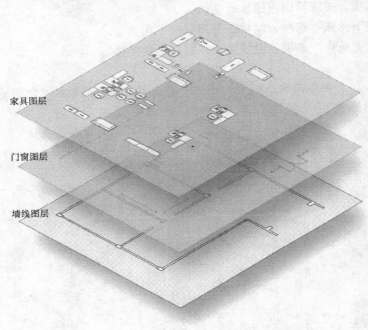

家具图层

门窗图层

墙线图层

图 2-10　图层的功能

2.3.1　创建图层

1. 命令调用

创建图层命令的途径有四种：

（1）功能区："常用"标签/"图层"面板/"图层"。🔲

（2）单击"特性"工具栏中"图层"🔲按钮。

（3）下拉菜单："格式"/"图层"。

（4）命令行：LAYER↙

2. 操作说明

单击"特性"工具栏中"图层"按钮，如图 2-11 所示。会弹出"图层特性管理器"对话框，如图 2 - 12 所示。在此对话框中可以进行新建图层、置为当前、删除图层等基本操作。

图 2-11　"图层"工具栏

在 AutoCAD 2013 中建立新图层之后，用户可以在"图层特性管理器"对话框内的"图层"列表框中对图层的特性和状态进行管理。特性管理包括名称、线型、线宽、颜色、打印样式、可否打印等，状态管理包括图层的切换、重命名、删除及图层的显示控制等。

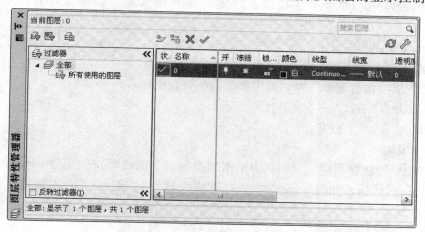

图 2-12　"图层特性管理器"对话框

2.3.2　图层基本操作

用户可以通过"图层特性管理器"对话框中的多个按钮对图层进行基本操作。

（1）新建图层：单击"新建图层" 按钮，列表中将显示新创建的图层。也可以对 0 图层单击鼠标右键，选择新建图层，列表中将显示名为"图层 1"的图层，随层名称依次为"图层 2"、"图层 3"、"图层 4"等。该名称若处于选中状态，用户可以直接输入一个新图层名。对于已经创建的图层，如果需要修改图层的名称，可用鼠标左键单击该图层的名称，使该图层名处于可编辑状态，就可以输入新的名称。

（2）删除图层：对需要删除的图层单击"删除图层" ✖ 按钮，也可以单击鼠标右键，选择"删除图层"选项，可以删除该图层，但 0 图层、当前层、含有实体的层、外部引用依赖层不能删除。

（3）置为当前：单击"置为当前" 按钮，或者用鼠标右键选择该图层选择"置为当前"选项把图层设置为当前图层。

（4）新建特性过滤器：单击新建特性过滤器 按钮，系统会显示"图层过滤器特性"对话框，从中可以根据图层的一个或多个特性来查找图层。如图层的名称、颜色、线型、开关等。

（5）新建组过滤器 ：用于创建图层过滤器，其中包含选择并添加到该过滤器的图层。

2.3.3　设置线型

在图层上绘图时所使用的线条的组成和显示方式称为线型。每一个图层都可以设置一个相应线型，不同的图层既可以设置为不同的线型，也可以设置为相同的线型。每种线型在图形中所代表的含义各不相同。

1. 加载线型

AutoCAD 2013 提供标准线型库，其库文件名为 ACADISO. LIN，系统定义了 40 多种标准线型，用户可以从线型库中选择线型，也可以自己定义专用的线型。

在 AutoCAD 2013 中，系统默认的线型是连续实线 Continuous，线宽也采用默认值 0 单位。在绘图过程中，如果采用虚线、点划线等其他线型，就需要设置图层的线型和线宽。

（1）命令调用。

设置新绘图形的线型的途径有三种：

1）在"图层特性管理器"对话框中单击线型特性图标 Continuous。

2）下拉菜单："格式" / "线型"。

3）命令行：LINETYPE ↙

（2）操作说明。

1）在"图层特性管理器"对话框中单击线型列表下的线型特性图标 Continuous，会出现"选择线型"对话框，如图 2-13 所示。在默认状态下，"选择线型"对话框中只有"Continuous"一种线型。

2）单击"加载"按钮，打开"加载或重载线型"对话框，如图 2-14 所示。用户可以在"可用线型"列表框中选择所需要的线型。

3）单击"确定"按钮返回"选择线型"对话框，选定刚加载的线型，单击"确定"加载线型的设置完成。

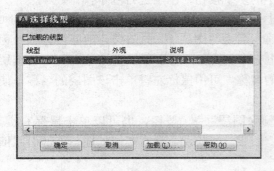

图 2-13　"选择线型"对话框

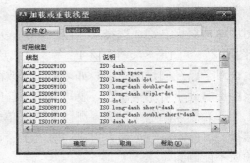

图 2-14　"加载或重载线型"对话框

2. 调整线型比例

除了连续线型以外，其他每种线型都是由线段、空格、点或文本所构成的序列。当设置的绘图界限与默认的绘图界限有比较大差别时，在屏幕上显示或者绘图仪输出的线型会出现不符合要求的情况，此时需要调整线型比例。

在命令行输入 LTSCALE，可以直接调整线型比例，它是全局缩放比例，也可以在"线型管理器"对话框中调整线型比例。

　　选择"格式"菜单中的"线型",将出现"线型管理器"对话框,如图 2-15 所示。单击"显示细节"按钮,在线型管理器的"详细信息"栏内有两个调整线型比例的编辑框"全局比例因子"和"当前对象缩放比例"。

　　(1)"全局比例因子":调整已有对象和将要绘制对象的线型比例。

　　(2)"当前对象缩放比例":调整将要绘制对象的线型比例。

　　(3)"详细信息"栏内有一个"ISO 笔宽"列表框:控制 ISO 线型宽度。

　　(4)"详细信息"栏内的"缩放时使用图纸空间单位"复选框:调整不同图纸空间视口中线型的缩放比例。

　　(5)"全局比例因子":输入线型的比例值,用于调整虚线和点划线的横线与空格的比例显示,一般设置为"0.2～0.5"之间。

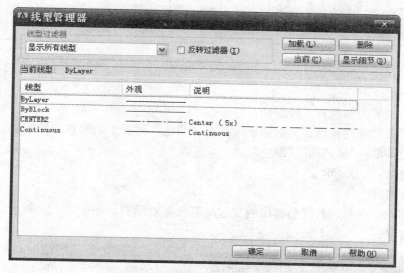

图 2-15　"线型管理器"对话框

2.3.4　设置线宽

所谓线宽设置就是改变线条的宽度。

1. 命令调用

设置新绘图形的线宽有三种途径:

(1) 在"图层特性管理器"对话框内的"线宽"列中单击线宽"— 默认"图标。

(2) 下拉菜单:"格式"/"线宽"。

(3) 命令行:LWEIGHT ↙

2. 操作说明

　　执行 LWEIGHT 命令,系统会弹出"线宽"对话框,如图 2-16 所示。有 20 多种类型线宽可供选择,选择需要的线宽,单击"确定"按钮完成设置。

　　选择"格式"菜单中的"线宽"选项,将出现"线宽设置"对话框,根据需要可以选择"毫米"或"英寸"两种线宽列出单位,同时可调整显示比例,如图 2-17 所示。

2.3.5　设置颜色

颜色在图形中的作用非常重要,可以用来表示不同的构件、区域和功能。图层的颜色是指该图层中图形对象的颜色。每个图层都拥有自己的颜色，对不同的图层可以设置相同的颜色，也可以设置不同的颜色。

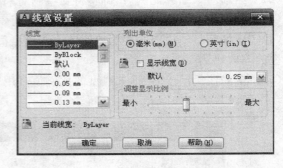

图 2-16 "线宽"对话框   图 2-17 "线宽设置"对话框

1. 命令调用

设置新绘图形的颜色有三种途径：

（1）在"图层特性管理器"对话框内单击"颜色"列表下的颜色特性图标。

（2）下拉菜单："格式"/"颜色"。

（3）命令行：COLOR↙

2. 操作说明

执行 COLOR 命令，系统会弹出的"选择颜色"对话框，如图 2-18 所示。可以对图层颜色进行设置。

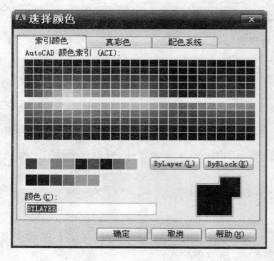

图 2-18 "选择颜色"对话框

（1）在建立新图层的时候，会顺接上一个图层的颜色，对于 0 图层系统默认的是 7 号颜色，该颜色相对于黑色的背景显示白色，相对于白色的背景显示黑色。

（2）在绘图过程中，把各个层的图形对象设置为随层并进行区分，可以改变该图层的颜色，在默认状态下，该图层的所有对象的颜色将会随之改变。

（3）在"索引颜色"选项卡中，可以直接单击所需要的颜色，也可以在"颜色"文本框中输入颜色号；在"真彩色"选项卡中，如图 2-19 所示。可以采用 RGB 和 HSL 两种模式选择颜色，在"配色系统"选项卡中，如图 2-20 所示。可以从配色系统列表框中选择颜色带，再移动色带滑块选择所需要的颜色。

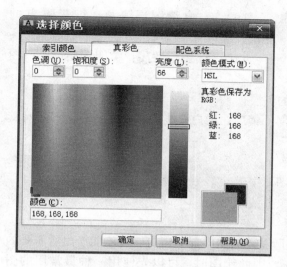

图 2-19　"真彩色"选项卡

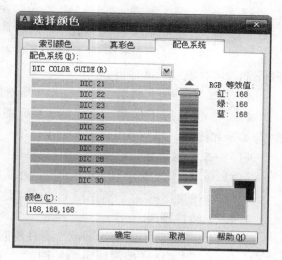

图 2-20　"配色系统"选项卡

2.4　图　层　管　理

2.4.1　图层工具

AutoCAD 2013 提供了一些专门用于图层状态管理的工具，这些工具可以通过菜单"格式"／"图层工具"和"图层Ⅱ"工具栏执行。"图层工具"子菜单和"图层Ⅱ"工具栏分别如图 2-21 和图 2-22 所示。

具体图层状态管理操作如下：

（1）将对象的图层置为当前：指定对象所在的图层为当前层。

（2）上一个图层：恢复上一个图层设置。

（3）图层漫游：用于动态显示图形中位于各图层上的对象。

（4）图层匹配：把选定对象的图层更改为与目标图层相匹配。

（5）更改为当前图层：把选定对象的图层更改为当前图层。

（6）将对象复制到新图层：把图形对象复制到新的图层。

（7）图层隔离：把选定对象的图层隔离。

（8）将图层隔离到当前视口：把对象所在图层隔离到当前视口。

图 2-21　"图层工具"子菜单

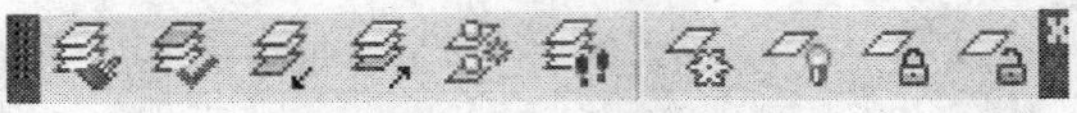

图 2-22 "图层Ⅱ"工具栏

（9）取消图层隔离：恢复隔离的图层。

（10）图层关闭：关闭图层后，该图层不能在屏幕上显示或输出。

（11）打开所有图层：打开图形中所有的图层。

（12）图层锁定：锁定选定的图层。图层上锁后，用户只能查看该层图形，不能对其进行编辑和修改，但是可以显示和输出。

（13）图层解锁：把锁定的图层解锁。

（14）图层合并：合并两个图层，并从图形中删除第一个图层。

（15）图层删除：删除图层上的所有对象并清理图层。

2.4.2 转换图层

工程制图中会有不同的线型，绘图时要把所需要的图层置于当前层，才能绘出所需要的线型。然而，过多地转换图层影响绘图的效率。因此绘图时，可以先使用一种最常用的图层，然后用"夹持点"功能或者"特性修改"命令转换图层，这两种方法操作各有所不同。

1. 调用"夹持点"功能

（1）用鼠标左键直接点击要修改的线型。

（2）点击图层下拉列表框。

（3）选择所需要的图层。

（4）按"Esc"键，结束操作。

2. 调用"特性修改"命令

（1）分别将不同的图层置于当前层，并且各画出一条直线。

（2）单击"标准"工具栏上"特性匹配"按钮。

（3）单击所需要图层的线型。

（4）单击要修改的线型。

（5）可以连续点击要修改的线型。

（6）按回车键，结束命令。

2.4.3 打印设置

系统能控制某个图层中的图形输出时的外观。在一般情况下，可以不修改"打印样式"。

图层的可打印性是指某图层上的图形对象是否需要打印输出，系统默认是可以打印的。在"打印"列表下，打印特性图标有可打印和不可打印两种状态。通过单击鼠标可以进行两种状态的切换。

2.5 创建图层的步骤

创建图层的步骤如下：

（1）执行 LAYER 命令，打开"图层"对话框。

（2）单击"新建"按钮，给所新建图层命名。

（3）单击"颜色"图标，打开"选择颜色"对话框，给所新建图层设定颜色。

（4）单击"线型"中"Continuous"图标，打开"选择线型"对话框，点击"加载"，弹出"加载或重载线型"对话框，选择所需要的线型。

（5）单击"线宽"中"—默认"图标，打开"线宽"对话框，选择线型的宽度。

（6）单击"确定"按钮。

应用示例。

在 AutoCAD 2013 中新建一个图形文件，用图层特性管理器设置新图层，将各种线型绘制在不同的图层上。

（1）图层设置要求，见表 2-1。

（2）操作步骤：

1）单击图层工具栏上的"图层"按钮，在"图层特性管理器"中设置 5 个图层，并分别命名为点划线、粗实线、细实线、虚线、中粗线。

2）按照上述要求将各个图层赋予不同的线型。

3）按照上述要求将各个图层赋予不同的颜色。

4）按照上述要求将各个图层赋予不同的线宽。

图层设置的结果如图 2-23 所示。

表 2-1　　　　　　　　　　　图 层 设 置 要 求

线　　型	颜　　色	线　　宽
点划线（CENTER）	白色	默认
粗实线（默认）	洋红色	0.5
细实线（默认）	黄色	默认
虚线（HIDDENX2）	绿色	默认
中粗线（默认）	蓝色	0.35

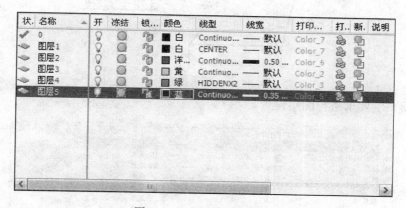

图 2-23　图层设置的结果

2.6　上 机 练 习

1. 用点的直角坐标和相对极坐标绘制图 2-24 所示的图形。

2. 用点的直角坐标和相对极坐标绘制图 2-25 所示的建筑平面图。

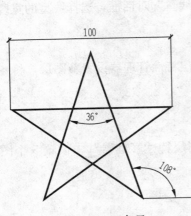

图 2 - 24　五角星

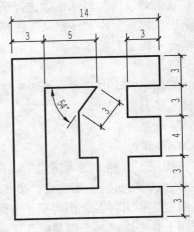

图 2 - 25　建筑平面图一

3. 用点的直角坐标和相对极坐标绘制图 2 - 26 所示的建筑平面图。

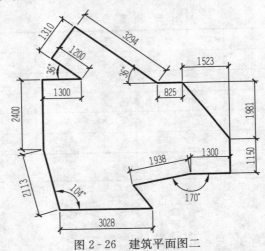

图 2 - 26　建筑平面图二

4. 按图 2 - 27 要求进行图层设置。

状	名称	开	冻结	锁定	颜色	线型	线宽	打印样式	打印	说明
	0				白色	Continuous	0.35 毫米			
	DEFPOINTS				白色	Continuous	0.15 毫米	Color_7		
	标注				品红	Continuous	0.15 毫米	Color_6		
	厨卫				青色	Continuous	0.15 毫米	Color_4		
	电气				青色	Continuous	0.15 毫米	Color_4		
	家具				黄色	Continuous	0.15 毫米	Color_2		
	墙线				白色	Continuous	0.35 毫米	Color_7		
	视口				蓝色	Continuous	0.15 毫米	Color_5		
	图框				蓝色	Continuous	0.15 毫米	Color_5		
	文字				品红	Continuous	0.15 毫米	Color_6		
	植物				绿色	Continuous	0.15 毫米	Color_3		
	轴线				红色	点划线	0.15 毫米	Color_1		

图 2 - 27　图层设置

5. 用"图层特性管理器"创建新图层并将点划线所在的层设置为当前层，图层设置要求，见表 2-2。

表 2-2　　　　　　　　　　　　　　　图 层 设 置 要 求

线　型	颜　色	线　宽
点划线（CENTER）	红色	默认
粗实线（默认）	蓝色	0.5
细实线（默认）	白色	默认
虚线（HIDDENX2）	绿色	默认

6. 在练习 5 所创建的图层上绘制三个同心圆，要求：

（1）将不同的线型绘制在相应的图层上。

（2）该图形以点划线为中心线，用捕捉工具捕捉点划线的交点为圆心点。半径为 50mm 的圆是粗实线圆；半径为 40mm 的圆是虚线圆；半径为 30mm 的圆是细实线圆。

7. 修改线型比例和线宽，要求：

（1）在练习 5 所创建的图层上将粗实线变为 0.7mm。

（2）将线型全局比例因子变为 3。

8. 绘制图 2-28 单扇门立面图。

9. 绘制图 2-29 窗立面图。

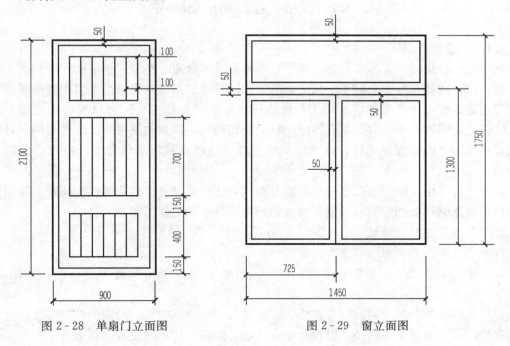

图 2-28　单扇门立面图　　　　　　　　　图 2-29　窗立面图

第 3 章 精 确 绘 制 图 形

教学要点

★ 使用捕捉、栅格和正交模式
★ 使用对象捕捉
★ 使用自动追踪
★ 设置状态栏辅助功能
★ 缩放与平移视图

在实际绘图时，采用鼠标直接定位精度不高，而采用坐标输入方式效率不高，不能满足建筑制图的需要。为此，中文版 AutoCAD 2013 提供了一些高效的辅助绘图工具，如捕捉、栅格、正交、自动追踪等，用户可以使用系统提供的栅格、捕捉和正交功能来准确定位，不输入坐标也能准确、快速地绘制图形。

3.1 栅格、捕捉和正交模式

3.1.1 设置栅格

栅格是一种坐标位置参考图标，是指在屏幕上显示分布一些按照指定行间距和列间距排列的栅格点，就像在屏幕上铺了一张坐标纸。用户可以根据需要设置是否启用栅格捕捉和栅格显示功能，还可以设置相应的间距。栅格捕捉可以使光标在绘图窗口按照指定的步距移动，就像在绘图屏幕上隐含分布着按指定行间距和列间距排列的栅格点，这些栅格点具有吸附光标的作用，能够捕捉光标，使光标只能落在由这些点确定的位置上，按照指定的步距移动。

在绘图过程中，用户可以通过"草图设置"对话框来设置栅格和捕捉的间距，使用栅格和捕捉功能能够帮助创建和对齐图形对象，用来满足绘图工作的需要。

1. "草图设置"对话框

打开"草图设置"对话框的方法有三种：

（1）执行"工具"/"草图设置"命令，系统弹出"草图设置"对话框，如图 3 - 1 所示。

（2）在状态栏上的"捕捉"、"栅格"、"极轴"、"对象捕捉"、"对象追踪"等按钮上单击鼠标右键，从快捷菜单中选择"设置"命令，也可以打开"草图设置"对话框。

（3）命令行：Dsettings ✓、DS ✓或 SE ✓

"草图设置"对话框内有五个选项卡，分别是"捕捉和栅格"、"极轴追踪"、"对象捕捉"、"动态输入"、"快捷特性"。利用"草图设置"对话框内的"捕捉和栅格"选项卡可以进行捕捉与栅格的设置。

2. 打开/关闭栅格

打开/关闭栅格显示有以下六种方法：

（1）在"草图设置"对话框的"捕捉和栅格"选项卡内选择"启用栅格"选项。

（2）单击状态栏上的"栅格"按钮。

（3）在状态栏按钮上使用鼠标右键快捷菜单。

（4）使用 F7 功能键进行切换。

（5）使用 Ctrl＋G 组合键。

（6）命令行：GRID↙

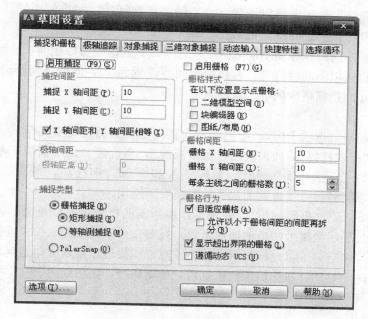

图 3-1 "草图设置"对话框

3. 设置栅格间距

在"草图设置"对话框的"捕捉和栅格"选项卡内，"捕捉 X 轴间距"编辑框和"捕捉 Y 轴间距"编辑框分别用于指定栅格在 X 轴方向和 Y 轴方向上的间距。若用户先设置了 X 轴间距值，则系统会自动将同样的值赋予 Y 轴间距；而若用户先设置 Y 轴间距值，这时 X 轴间距值仍保持不变。用户可以设置 X、Y 轴的栅格间距。栅格间距默认值均设置为 10。

执行 GRID 命令，命令行提示：

命令：GRID↙

指定栅格间距(X)或[开(ON)/关(OFF)/捕捉(S)/主(M)/自适应(D)/界限(L)/跟随(F)/纵横向间距(A)]<10.0000>：10↙

3.1.2 设置捕捉

捕捉使光标只能停留在图形中指定的点上，这样就能方便地把图形放置在特殊点上，使后面的编辑工作可以顺利进行。栅格与捕捉的间距和角度一般均设置为相同的数值，打开捕捉功能后，光标只能定位在图形中的栅格点上跳跃式移动。

1. 打开/关闭捕捉

打开/关闭捕捉有以下五种方法：

（1）在"草图设置"对话框的"捕捉和栅格"选项卡内选择"启用捕捉"选项。

（2）单击状态栏上的"捕捉"按钮。

（3）在状态栏按钮上使用鼠标右键快捷菜单。

（4）使用 F9 功能键进行切换。

（5）命令行：SNAP↙

2. 设置捕捉间距

用"捕捉和栅格"选项卡可以设置 X、Y 轴的捕捉间距。捕捉间距默认值均为 10，当捕捉间距设置为 0 时，捕捉间距设置无效。

捕捉间距与栅格间距是性质不同的两个概念。二者的值既可以相同，也可以不相同。既可以同时打开，也可以不同时打开。假如捕捉间距设置为 10，而栅格间距设置为 20，那么光标移动两步，才能把栅格中的一个点移到下一个点。

3. 捕捉类型

在"捕捉和栅格"选项卡内，"捕捉类型"栏用于设置捕捉类型和模式。捕捉类型包括"栅格捕捉"和"极轴捕捉"。如果选用"栅格捕捉"，当选定"矩形捕捉"单选按钮时，会将捕捉方式设置为"矩形捕捉"模式，光标沿 X 和 Y 轴方向移动，当选定"等轴测捕捉"单选按钮时，可以将捕捉方式设置为"等轴测捕捉"模式。

选用"PolarSnap"（极轴捕捉），使光标按照指定的极轴距离增量进行移动。移动光标时，工具栏提示会显示最接近的极轴捕捉增量。只有在"极轴追踪"和"捕捉"功能同时打开的情况下，如果指定一点，光标将沿极轴角或对象捕捉追踪角度方向捕捉，使光标沿指定的方向按指定的间距移动。在选用极轴捕捉后，可以通过"极轴距离"文本框来设置极轴捕捉时的光标移动间距。

3.1.3 正交模式

系统提供了类似于丁字尺的绘图辅助工具"正交"，光标只能在水平方向和垂直方向上移动，这样可以很方便地绘出与当前 X 轴或者 Y 轴平行的线段。打开或关闭正交模式有以下四种方法。

（1）在状态栏上单击"正交"按钮。

（2）在状态栏按钮上使用鼠标右键快捷菜单。

（3）使用 F8 功能键可以打开或者关闭正交模式。

（4）命令行：ORTHO↙

3.2 对 象 捕 捉

在绘制图形的过程中，需要确定一些特殊点，例如端点、中点、圆心、象限点、交点、垂足等。如果只凭观察来拾取，准确地找到这些点很困难。系统专门提供了对象捕捉功能，可以准确、迅速地捕捉到这些特殊点，从而精确地绘制图形。

执行对象捕捉有两种方式：一是利用"草图设置"对话框设置隐含对象捕捉；二是利用"对象捕捉"工具栏或者"对象捕捉"快捷菜单，执行单点优先方式的对象捕捉。

1. 设置隐含的对象捕捉

执行"工具"/"草图设置"命令，打开一个"草图设置"对话框，选择"对象捕捉"选项卡，如图 3-2 所示。在此对话框中，可以设置隐含的对象捕捉。在对话框中选择一个或者多个对象捕捉模式，点取"确定"按钮，就可以执行相应的对象捕捉。这种捕捉方式就是隐含的对象捕捉方式。

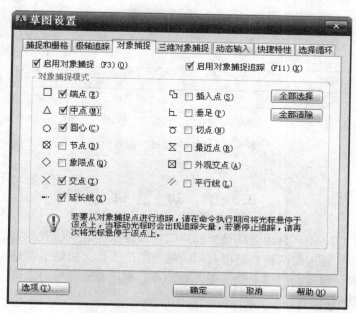

图 3-2　"草图设置"对话框中"对象捕捉"选项卡

下面简单介绍 13 种常用的捕捉方式：

（1）交点捕捉：这种方式要求实体在空间有一个真实的交点。

（2）端点捕捉：用来捕捉实体的端点。该实体既可以是一段线段，也可以是一段圆弧。

（3）中点捕捉：用来捕捉一条线段或一段圆弧的中点。

（4）圆心捕捉：用来捕捉到圆、圆弧或椭圆的圆心。也可以捕捉面域中、三维实体中圆的圆心。

（5）垂足捕捉：在一条直线、圆或者圆弧上捕捉一个点，从当前选定点到捕捉点的连线与所选择的实体垂直。

（6）切点捕捉：在圆或圆弧上捕捉一点和已经确定的另外一点的连线与实体相切。

（7）象限点捕捉：捕捉圆、圆弧或椭圆的最近的象限点（0°、90°、180°、270°点）。

（8）最近点捕捉：用来捕捉离拾取框中心最近的点。

（9）插入点捕捉：用来捕捉一个文本或图块的插入点。对于文本就是捕捉其定位点。

（10）外观交点捕捉：用来捕捉两个实体的延伸交点。该交点并不存在，只是实体延伸后的交点。

（11）节点捕捉：捕捉用单点、多点命令绘制的点，还有定数等分点和定距等分点。

（12）延长线捕捉：用来捕捉一段直线延长线上合适的点。

（13）平行线捕捉：用来捕捉一点，该点和已知点的连线与一条已知直线平行。

2. 单点优先方式

在"绘图"、"修改"或"标准"工具栏上单击鼠标右键，弹出快捷菜单，从快捷菜单选择"对象捕捉"，即可显示出"对象捕捉"工具栏，如图 3-3 所示。

在绘图过程中，系统提示输入一个点时，可以直接点取"对象捕捉"工具栏内的捕捉模式，再移动鼠标去捕捉目标。这种执行对象捕捉的方式称为单点优先方式，它仅仅影响当前要捕捉的点，操作一次完成之后自动退出对象捕捉状态。

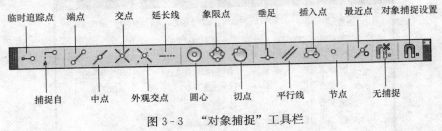

图 3-3 "对象捕捉"工具栏

3.3 自 动 追 踪

在 AutoCAD 2013 中，自动追踪是光标跟随辅助虚线确定点位置的方法。自动追踪功能分极轴追踪和对象捕捉追踪两种，是很有用的辅助绘图工具。极轴追踪是光标沿设定的角度增量显示辅助虚线，在辅助虚线上确定所需要的点。利用对象捕捉追踪可以获得对象上关键的点位，这些点就是追踪点。

3.3.1 极轴追踪

极轴追踪是指当系统提示用户指定点的位置时，拖动光标，使光标接近预先设定的极轴追踪方向，系统会自动将橡皮筋线吸附到该方向，同时沿该方向显示出极轴追踪矢量，并浮出一小标签，说明当前光标位置相对于前一点的极坐标，如图 3-4 所示。

可以利用"草图设置"对话框内的"极轴追踪"选项卡对极轴追踪的参数进行设置，如图 3-5 所示。

"极轴追踪"选项卡中各选项的功能和含义如下：

（1）"启用极轴追踪"复选框：用来打开或关闭极轴追踪。也可以使用单击状态栏中的"极轴"按钮或按 F10 功能键来打开或关闭极轴追踪。

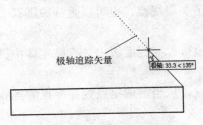

图 3-4 极轴追踪示意图

（2）"极轴角设置"选项组：用来设置极轴角度。在"增量角"下拉列表框中可以选择系统预设的角度，例如增量角为 45°，系统沿着 0°、45°、90°、135°、180°、225°、270°和 315°方向指定目标点的位置。如果该下拉列表框中的角度还不能满足要求，可以选择"附加角"复选框，再单击"新建"按钮，在"附加角"列表中增加新角度。

（3）"极轴角测量"选项组：极轴角的选择测量方法有两种，"绝对"是以当前坐标系为基准计算极轴追踪角，"相对上一段"是以最后创建的两个点之间的直线为基准计算极轴追踪角。

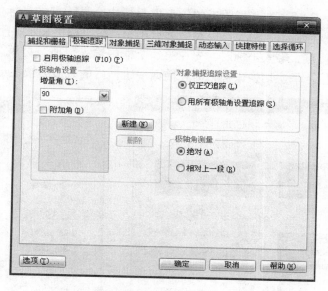

图 3-5 设置极轴追踪

3.3.2 对象捕捉追踪

在 AutoCAD 2013 中还提供了"对象捕捉追踪"功能,该功能可看作是"对象捕捉"和"极轴追踪"功能的同时使用。可以利用"草图设置"对话框内的"极轴追踪"选项卡中的"对象捕捉追踪设置"选项组来设置对象捕捉追踪,按 F11 功能键或单击绘图区状态栏内的"对象捕捉追踪"按钮也可启用对象追踪。如果事先不知道具体的追踪方向,但是知道与其他图形对象的某种关系(比如相交),就可以用对象捕捉追踪。

3.3.3 临时追踪点和捕捉自功能

"临时追踪点"和"捕捉自"工具是"对象捕捉"工具栏中两个比较有用的对象捕捉工具。"临时追踪点"捕捉工具可以在一次操作中创建多条追踪线,并且根据这些追踪线确定所要定位的点。"捕捉自"捕捉工具可以使用相对坐标指定下一个点。

3.4 使用动态输入

在 AutoCAD 2013 中,使用动态输入功能可以在指针位置处显示命令提示和标注输入等信息,可以在工具栏提示中输入坐标值,而不必在命令行中输入,从而使用户绘制图形更加便捷。单击状态栏上的"动态输入"按钮或者使用功能键 F12 来打开动态输入及动态提示功能。

使用动态输入有启用指针输入、启用标注输入两种方式。动态输入方式可以利用的"草图设置"对话框内的"动态输入"选项卡进行设置,如图 3-6 所示。

1. 指针输入

在"草图设置"对话框的"动态输入"选项卡内,选定"启用指针输入"复选框可以启用指针输入功能,如图 3-6 所示。可以在"指针输入"选项区域中单击"设置(S)…"按钮,使用弹出的"指针输入设置"对话框设置指针的格式和可见性,如图 3-7 所示。

　　启动"指针输入"后，在光标附近的信息提示栏中会显示点的坐标值，在默认情况下，第一点用绝对直角坐标显示，第二点以及后续点用相对极坐标值显示。用户可以在信息栏中输入新坐标值来定位点。输入坐标时，先在第一个框内输入数值，再用 TAB 键切换到下一个框内继续输入数值。每次切换坐标框时，前面一个框内的数值会被锁定。

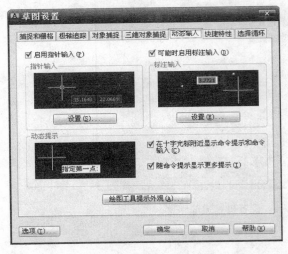

图 3-6　"动态输入"选项卡

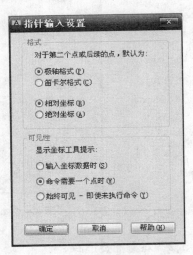

图 3-7　设置启用指针输入

2. 标注输入

　　在"草图设置"对话框的"动态输入"选项卡内，选定"可能时启用标注输入"复选框可以启动标注输入功能。在"标注输入"选项区域中单击"设置（E）…"按钮，使用打开的"标注输入的设置"对话框可以设置标注的可见性，如图 3-8 所示。

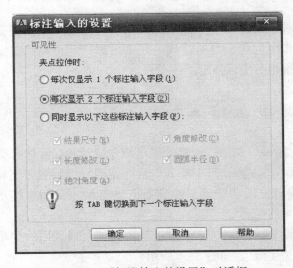

图 3-8　"标注输入的设置"对话框

　　启动"标注输入"在光标附近将会显示线段的长度和角度。可以输入新的长度和角度值，使用 TAB 键可以在长度和角度之间进行切换。

　　在"草图设置"对话框的"动态输入"选项卡中，选中"动态提示"选项组中的"在十字光标附近显示命令提示和命令输入"复选框，可以在光标附近显示命令提示，如图 3-9 所示。单击"设计工具提示外观（A）…"按钮，打开如图 3-10 所示的"工具提示外观"对话框，可以设置工具栏提示的颜色、大小、透明度等。

　　"动态提示"就是在光标附近显示命令的提示信息。用户可以直接在信息栏中输入命令，而不是在命令行中输入命令。如果该命令包含多个选项，信息栏将会出现一个下拉图标，单击该图标将会出现一个菜单，该菜单上会显示命令所包含的选项，选择其中一个选项，就会执行相应的命令。

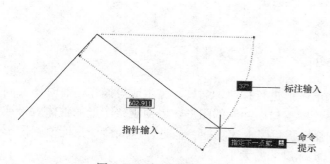

图 3-9 动态显示命令提示

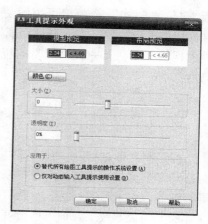

图 3-10 "工具提示外观"对话框

3.5 使用快捷特性

在 AutoCAD 2013 中，拥有"快捷特性"功能，当用户选择对象时，就可以显示"快捷特性"面板，从而使修改图形对象的属性变得很便捷，如图 3-11 所示。

在"草图设置"对话框的"快捷特性"选项卡中，选中"启用快捷特性"复选框可以启动快捷特性功能，如图 3-12 所示。选项卡中其他各选项的含义如下：

"按对象类型显示"选项组可以设置显示所有对象的快捷特性面板或者显示已定义快捷特性的对象的快捷特性面

图 3-11 显示快捷特性面板

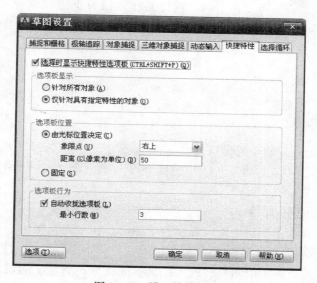

图 3-12 设置快捷特性

板。"位置模式"选项组可以设置快捷特性面板的位置。选择"光标"单选按钮,快捷特性面板将根据"象限点"和"距离"的值显示在某个位置;选择"浮动"单选按钮,快捷特性面板将显示在上一次关闭时的位置。"大小设置"选项组可以设置快捷特性面板显示的高度。

3.6 图 形 显 示 控 制

在绘制图形过程时,常常需要对当前图形进行移动、缩放、重生成等操作,有时还要同时打开多个窗口,通过各个窗口来观察绘图窗口中绘制的图形,以便观察图形的整体效果或局部细节。AutoCAD 2013 中显示控制命令提供了上述功能。但是,这些命令只能改变图形在屏幕上的视觉效果,但不能改变图形实际尺寸的大小。

按照一定的比例、观察位置和角度显示图形的区域称为视图。在 AutoCAD 2013 中,用户通过缩放与平移视图来观察图形十分便捷。

3.6.1 视图缩放

在图形窗口内缩放图形,既可以通过放大视图来显示图形局部细节,又可以缩小视图来观察图形全貌。

1. 命令调用

执行视图缩放命令的途径有六种:

(1) 功能区:"常用"选项卡/"实用程序"面板/"缩放"。

(2) 下拉菜单:"视图"/"缩放",如图 3 - 13 所示。

(3) 单击"标准"工具栏中"实时缩放" 、"缩放上一个" 、"窗口缩放" 按钮,在"窗口缩放" 子工具栏中包含九种缩放按钮,如图 3 - 14 所示。

(4) 快捷菜单:没有选定对象时,在绘图区域单击鼠标右键并选择"缩放"选项进行实时缩放。

(5) 单击"缩放"工具栏中的工具按钮,如图 3 - 15 所示。

(6) 命令行:ZOOM 或 Z ↙

2. 操作说明

(1) 使用键盘操作。

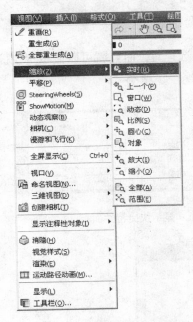

图 3 - 13   "视图"/"缩放"
相应的下拉子菜单

输入 ZOOM 命令后,命令行窗口提示:

[全部 (A) /中心 (C) /动态 (D) /范围 (E) /上一个 (P) /比例 (S) /窗口 (W) /对象 (O)]〈实时〉:

其中各选项进行说明如下:

1) 全部 (A):在当前视口中缩放显示整个图形。在平面视图中,所有图形将被缩放到栅格界限和当前图形范围两者中较大的区域中。

2) 中心 (C):缩放显示由圆心和放大比例 (或高度) 所定义的窗口。高度值较小时增加放大比例。高度值较大时减小放大比例。

图 3-14 "窗口缩放"子工具栏

3）动态（D）：缩放显示在视图框中的部分图形。视图框表示视口，可以改变它的大小，或在图形中移动。移动视图框或调整它的大小，将其中的图像平移或缩放，以充满整个视口。

图 3-15 "缩放"工具栏

4）范围（E）：缩放以显示图形范围，并尽最大可能显示所有对象。

5）上一个（P）：缩放显示上一个视图。最多可恢复此前的 10 个视图。

6）比例（S）：以指定的比例因子缩放显示。

输入比例因子（nX 或 nXP）：指定值

a. 输入的值后面跟着 x，根据当前视图指定比例。例如，输入 0.5x 使屏幕上的每个对象显示为原大小的 1/2。

b. 输入值并后跟 xp，指定相对于图纸空间单位的比例。例如，输入 0.5xp 以图纸空间单位的 1/2 显示模型空间。创建每个视口以不同的比例显示对象的布局。

c. 输入值，指定相对于图形界限的比例。例如，如果缩放到图形界限，则输入 2 将以对象原来尺寸的两倍显示对象。

7）窗口（W）：缩放显示由两个角点定义的矩形窗口框定的区域。

8）对象（O）：尽可能大地显示一个或多个选定的对象并使其位于绘图区域的中心。可以在启动 ZOOM 命令前后选择对象。

9）实时：在提示后直接回车，进入实时缩放状态，此时屏幕上出现一个类似放大镜的小标记。按住鼠标左键向上拖动光标图形将会放大，向下拖动光标图形将会缩小。

这时命令行提示为：

按"Esc"或回车键退出，或单击右键显示快捷菜单。

如果在该提示下若按下"Esc"键或回车键，系统将结束 ZOOM 命令；如果单击鼠标右键，在屏幕上会出现快捷菜单，如图 3-16 所示。可以选择各项操作。

（2）使用下拉菜单。

选择"视图"/"缩放"的下拉子菜单可以完成缩放命令的各种操作，除"放大"和"缩小"之外，其余各项功能与命令行格式的操作功能完全一样。这里的"放大"功能是将当前图形"放大"一倍，而"缩小"功能是将当前图形"缩小"一半。

图 3-16　快捷菜单

（3）使用工具栏。

用户在"标准"工具栏上单击"窗口缩放" 按钮，屏幕上显示缩放工具栏，也可以直接使用"缩放"工具栏。还有单击"标准"工具栏中"实时缩放" 和"缩放到上一个" 图标按钮，可以进入实时缩放状态和快速回到前一个视图。

"缩放"工具栏中各选项的功能及其操作与使用下拉子菜单和命令行输入 ZOOM 命令完全相同。

3.6.2　视图平移

使用平移视图命令，可以重新定位图形，在不改变缩放系数的情况下，观察当前窗口中图形的不同部位，它相当于移动图形。就像移动整张图纸，但图形相对于图纸的实际位置没有改变。

1. 命令调用

执行平移视图命令的途径有五种：

（1）功能区："常用"选项卡/"实用程序"面板/"平移"。

（2）单击"标准"工具栏上"手形标志"按钮。

（3）下拉菜单："视图"/"平移"，如图 3-17 所示。

（4）快捷菜单：不选定任何对象，在绘图区域单击鼠标右键然后选择"平移"。

（5）命令行：PAN 或 P

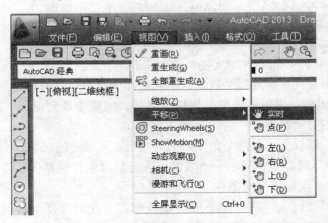

图 3-17　平移下拉菜单

2. 操作说明

（1）选择"视图"/"平移"/"实时"命令，执行该命令之后屏幕上的光标呈一个手形标志，表明当前正处于"平移命令"模式，如果按住鼠标左键进行拖动，那么图形也会随着平行移动。

（2）选择"视图"/"平移"/"定点"命令，可以通过指定基点和位移值来平移图形。

（3）选择"视图"/"平移"/"左"、"右"、"上"、"下"命令，表示图形移动方向分别是向左、向右、向上和向下。

3.6.3 ShowMotion

在 AutoCAD 2013 中，可以通过创建视图的快照来观察图形。

1. 命令调用

创建视图快照命令的途径有三种：

（1）下拉菜单："视图" / "ShowMotion"。

（2）在状态中单击 "ShowMotion" 按钮。

（3）命令行：ShowMotion↙

2. 操作说明

执行该命令后，可以打开 "ShowMotion" 工具栏，如图 3-18 所示。

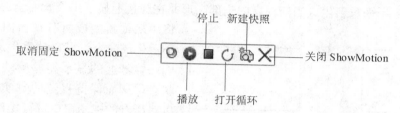

图 3-18 ShowMotion 工具栏

在 "ShowMotion" 工具栏上单击 "新建快照" 按钮，会弹出 "新建视图/快照特性" 对话框，如图 3-19 所示。

用户在 "新建视图/快照特性" 对话框内，可以设定视图名称，选择视图类型，有电影式、静止、录制的漫游三种类型可供选择。在 "快照特性" 选项卡中转场区域可以选择转场类型，有 "从黑色淡入此快照"、"从白色淡入此快照"、"剪切为快照" 三种选项可供选择。在 "快照特性" 选项卡中运动区域可以选择的移动类型有六种，分别是 "放大"、"缩小"、"向左追踪"、"向右追踪"、"升高"、"降低"、"查看"、"动态观察"。在 "快照特性" 选项卡中运动区域中设置相机目前的位置，可以选择 "起点"、"中间点"、"终点"，还可以选择是否循环放映。单击 "预览" 按钮，观察设置的效果。最后按下 "确定" 按钮完成设置操作。

3.6.4 重画

在绘图和编辑的过程中，屏幕上经常会出现由于拾取与删除图形对象而留

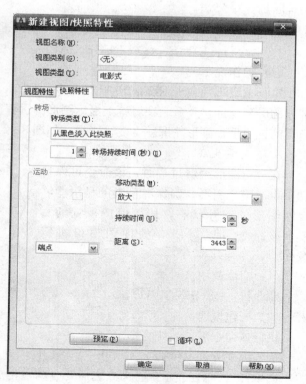

图 3-19 "新建视图/快照特性" 对话框

下小十字形的标识点，选用重画命令可以清除屏幕上的这些标记以及杂乱的显示内容，并且将当前屏幕图形进行重新绘制、刷新显示。

1. 命令调用

执行重画命令的途径有两种：

（1）下拉菜单："视图" / "重画"。

（2）命令行：REDRAW↙

2. 操作说明

执行 REDRAW 命令后回车，当前屏幕图形立即被刷新，如图 3-20 所示。

3.6.5 重生成、全部重生成和自动重生成

重生成命令用来重新生成当前视窗内全部图形并在屏幕上显示出来，而全部重生成命令将用来重新生成所有视窗内的图形。自动重生成命令可以自动重生成整个图形，确保屏幕上的显示能够反映图形的实际状态，从而保持视觉的真实，该命令可以对所有的视图窗口进行操作。

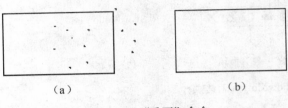

（a）　　　　　　　　　　（b）

图 3-20　"重画"命令

（a）重画前；（b）重画后

1. 重生成和全部重生成

（1）命令调用。

执行重生成和全部重生成命令的途径有两种：

1）下拉菜单："视图" / "重生成"或"全部重生成"。

2）命令行：REGEN↙或 REGEN ALL↙

（2）操作说明。

执行 REGEN 或者 REGEN ALL 命令后回车，AutoCAD 2013 系统重新计算图形组成部分的屏幕坐标，并重新在屏幕上显示图形的过程。比如圆形放大显示时，轮廓不光滑，刷新当前视窗后，圆形轮廓就会变得光滑，如图 3-21 所示。

2. 自动重生成

在进行图形编辑过程时，该命令可以自动重生成整个图形，确保屏幕上的显示能够反映图形的实际状态，从而保持视觉的真实，该命令可以对所有的视图窗口进行操作。

（1）命令调用。

命令行：REGENAUTO↙

（2）操作说明。

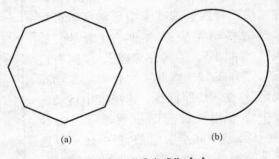

（a）　　　　　　　　（b）

图 3-21　"重生成"命令

（a）重生成前；（b）重生成后

执行该命令后，系统将提示：

输入模式［开（ON）/关（OFF）］＜开＞：

选项开（ON）表示执行命令之后要自动重生成图形，选项关（OFF）则是关闭自动重生成图形功能。

3.6.6　填充显示命令开关

FILL 命令是控制宽多段线、二维封闭实体和图案等图形对象的填充在屏幕上是否显示的开关。输入命令后系统提示：

输入模式［开（ON）/关（OFF）］＜开＞：

选项开（ON）表示处于填充打开状态，在该方式下执行重生成命令后，图形屏幕中将显示所有的宽多段线、二维封闭实体和图案等对象的填充，选项关（OFF）表示处于填充关闭状态，在该状态下执行重生成命令后，屏幕中不显示所有的封闭图形对象的填充。

3.7　上　机　练　习

1. 绘制如图 3-22 所示的平面图。（最大正方形的边长为 1000mm）
2. 利用正交模式，绘制如图 3-23 所示的建筑平面图。

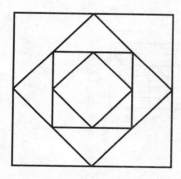

图 3-22　平面图

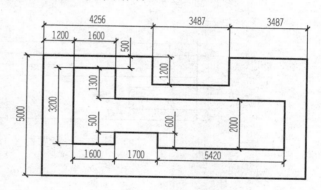

图 3-23　建筑平面图

3. 绘制如图 3-24 所示的图形。
4. 绘制如图 3-25 所示的浴盆。

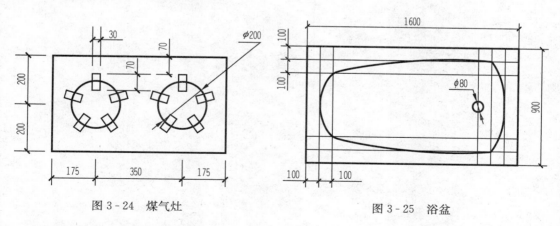

图 3-24　煤气灶　　　　　　　　　　图 3-25　浴盆

5. 绘制如图 3-26 所示的图形。
6. 绘制如图 3-27 所示的洗手池。
7. 绘制如图 3-28 所示的图形。

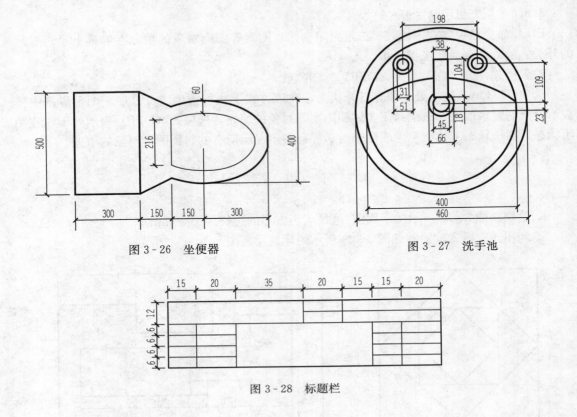

图 3-26　坐便器

图 3-27　洗手池

图 3-28　标题栏

第4章 绘制二维图形

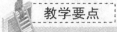

教学要点

★ 绘制二维图形的途径
★ 绘制点、直线、射线、构造线和多段线
★ 绘制多线、样条曲线
★ 绘制矩形、正多边形
★ 绘制圆、圆弧、椭圆、椭圆弧和圆环
★ 图案填充和面域

　　所有复杂的图形都是由基本图形构成的。AutoCAD 2013 提供了绘制点、直线、构造线、射线、多段线、多线、圆、圆弧、椭圆、椭圆弧、矩形、正多边形、圆环、样条曲线等二维图形的功能。只有熟练地掌握这些基本图形的绘制，才能够绘制出比较复杂的图形，也是进行三维绘图的基础。

4.1　绘制二维图形的途径

　　中文版 AutoCAD 2013 提供了多种途径来实现相同的功能，其操作手法十分灵活、方便，主要是为了满足不同用户的需要。用户可以使用"绘图"菜单、"绘图"工具栏、功能区"常用"选项卡上的"绘图"面板以及绘图命令四种途径来绘制二维图形。

4.1.1　使用"绘图"工具栏

　　使用"绘图"工具栏是绘图最直观的、最常用的途径之一。每个工具按钮都对应于相应的"绘图"命令，单击它们可执行相应的"绘图"命令，如图 4-1 所示。

图 4-1　"绘图"工具栏

4.1.2　使用"绘图"菜单

　　"绘图"菜单是绘图最基本、最常用的途径之一。"绘图"菜单中包含了中文版 AutoCAD 2013 的大部分绘图命令，选择"绘图"菜单中的命令或子命令，用户可以绘制出相应的二维图形，如图 4-2 所示。

4.1.3　使用功能区"常用"选项卡上的"绘图"面板

　　功能区"常用"选项卡上的"绘图"面板的工具按钮都对应于相应的绘图命令，单击它们也可以执行相应的绘图命令，如图 4-3 所示。

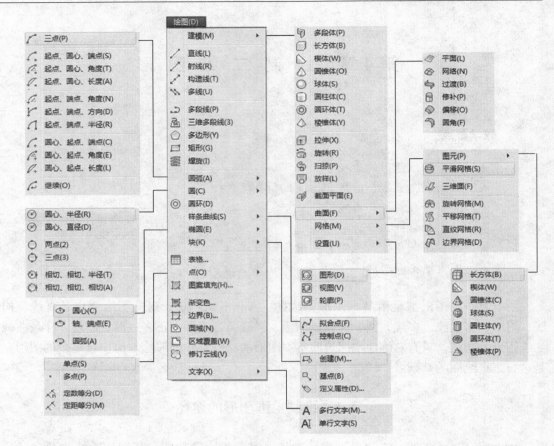

图 4-2   "绘图"菜单

4.1.4   使用"绘图"命令

使用"绘图"命令一样可以绘制基本的二维图形。在命令行窗口输入"绘图"命令后按回车键，并且根据提示行的提示信息进行"绘图"操作。如果用户熟练掌握"绘图"命令及其各选项的具体功能，使用这种方法最快捷、准确。

在中文版 AutoCAD 2013 中，基本的绘图工具主要有绘制点、直线、射线、构造线、多段线、多线、矩形、正多边形、圆、圆弧、椭圆、椭圆弧、圆环工具等，掌握这些"绘图"工具的使用方法是绘制图形的基础。

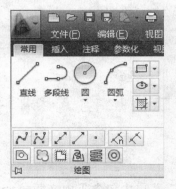

图 4-3   "绘图"面板

4.2   绘制点、直线、射线、构造线、多段线

4.2.1   点的样式与绘制

1．点的样式

（1）命令调用。

1）下拉菜单："格式" / "点样式"。

2）命令行：DDPTYPE ↙

（2）操作说明。

用户调用该命令后，出现"点样式"对话框，如图 4-4 所示。该对话框中提供了 20 种点样式，可以根据需要选择点样式。此外，还可以在"点大小"文本框中设置点的显示大小，设置点大小方式有以下两种：

1）**相对于屏幕设置大小：按屏幕尺寸的百分比设置点的显示大小。当执行显示缩放时，显示出的点的大小不会改变。**

2）**用绝对单位设置大小：按实际单位设置点的显示大小。当执行显示缩放时，显示出的点的大小会改变。**

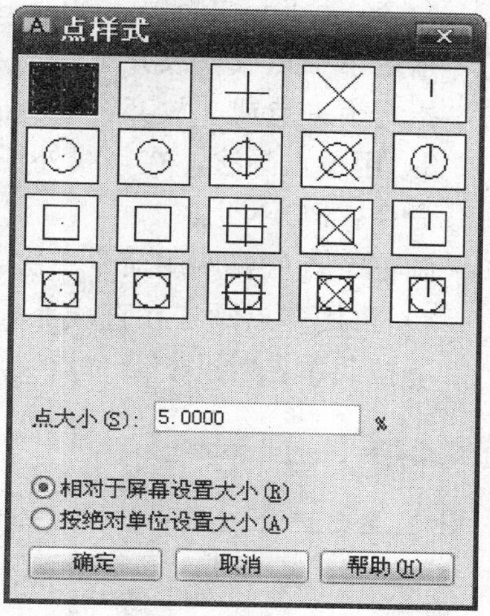

2. 点的绘制

在 AutoCAD 2013 中，用户可以通过"单点"、"多点"、"定数等分"和"定距等分"四种方法创建点对象，绘制各种类型的点。

图 4-4   "点样式"对话框

（1）命令调用。

执行绘制点的途径有四种：

1）功能区："常用"标签 / "绘图"面板 / "点"。 ⊡（绘制多点）

2）单击"绘图"工具栏中"点" ⊡ 按钮。（绘制多点）

3）下拉菜单："绘图" / "点"。（绘制单点或多点）

4）命令行：POINT 或 PO ↙（绘制单点）

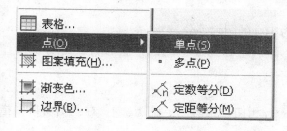

图 4-5   "点"菜单

（2）操作说明。

执行"绘图" / "点"后，显示出下级子菜单，如图 4-5 所示。用户可以选择点的类型。

1）选择"绘图" / "点" / "单点"命令，每次绘制一个点。

2）选择"绘图" / "点" / "多点"命令，可以一次绘制多个点，最后可以按"Esc"键结束。

3）选择"绘图" / "点" / "定数等分"命令，可以在指定的图形对象上绘制等分点或者在等分点处插入块。

4）选择"绘图" / "点" / "定距等分"命令，可以在指定的图形对象上按指定的长度绘制点或者插入块。

（3）操作示例。

分别用单点法和多点法绘制如图 4-6 所示的图形。

1）打开"点样式"对话框，选择第四行第三列的点样式作为图案。

2）画出一条直线段。

单击工具栏上"直线"按钮。

命令：_ line 指定第一点：在绘图区中指定一点。

指定下一点或［放弃（U）］：在绘图区中指定另一点。

指定下一点或［放弃（U）］：↙

3）用单点画法，在直线外任意画三个点。

命令：POINT ↙

画三个点就要调用命令三次，比较麻烦。

4）再用多点画法在直线上画端点和中点。

下拉菜单："绘图"/"点"/"多点"，选用画多点。

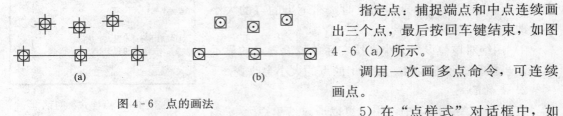

　　　　　　　(a)　　　　　　　　　　　　　　　　(b)

指定点：捕捉端点和中点连续画出三个点，最后按回车键结束，如图 4 - 6（a）所示。

调用一次画多点命令，可连续画点。

图 4 - 6　点的画法

5）在"点样式"对话框中，如果将点的样式修改为第四行第一列的样式，则整个绘图区的点都会改变，如图 4 - 6（b）所示。

3．点的定数等分

将点对象或块对象沿其长度或周长等间隔分布。

（1）命令调用。

1）下拉菜单："绘图"/"点"/"定数等分"。

2）命令行：DIVIDE ↙

（2）操作示例。

试用点的"定数"等分法，将一个半径为 100 的圆六等分。

首先选用点样式第四行第三列的形状，画出半径为 100 的圆，然后将其等分。操作如下：

单击"绘图"工具栏上画"圆"按钮。

指定圆的圆心或［三点（3P）/两点（2P）/相切、相切、半径（T）］：在绘图窗口中指定所要绘制圆的圆心。

指定圆的半径或［直径（D）］<60.0000>：100 ↙。

命令：DIVIDE ↙ 执行"定数等分"命令。

选择要定数等分的对象：拾取圆。

输入线段数目或［块（B）］：6 ↙

完成后的效果如图 4 - 7 所示。

4．定距等分

（1）命令调用。

1）下拉菜单："绘图"/"点"/"定距等分"。

2）命令行：MEASURE ↙

（2）操作示例。

从选定对象的一个端点开始划分出相等的长度；使用 MEASURE 命令以指定的间隔标

记对象；可以采用点或块标记间隔，如图 4 - 8 所示。

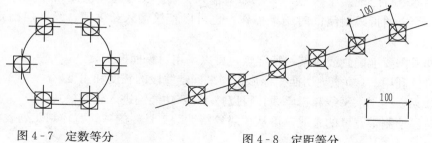

图 4 - 7   定数等分   图 4 - 8   定距等分

命令：MEASURE↙

选择要定距等分的对象：拾取斜直线。

指定线段长度或［块（B）］：100↙输入所要等分的长度，按回车键。

4.2.2 绘制直线

直线是绘图中最简单、最基本的一类图形对象，只要给定起点和终点就可以绘制一条直线。一条直线就是一个图元。在 AutoCAD 2013 中，图元是最小的图形元素，而一个图形是由若干个图元组成的。使用绘制"直线"命令，可以创建一系列连续的线段。而每条线段都可以单独进行编辑。

1. 命令调用

执行绘制"直线"命令的途径有四种：

（1）功能区："常用"标签／"绘图"面板／"直线"。▧

（2）单击"绘图"工具栏上"直线"▧按钮。

（3）下拉菜单："绘图"／"直线"。

（4）命令行：LINE 或 L↙

2. 操作说明

执行"直线"命令之后，命令行提示：

指定第一点：

（1）在绘图窗口中单击鼠标或者在命令行窗口用键盘输入起点的坐标，来指定起点位置，命令行提示：

指定下一点或［放弃（U）］：

（2）移动鼠标并单击或者输入端点的相对坐标，指定下一点，同时画出了一条线段。

（3）移动鼠标并单击或者输入另一端点的相对坐标，可以连续画直线。

（4）单击鼠标右键弹出快捷菜单，选择有关命令，或按回车键结束绘制"直线"操作。

3. 特别提示

（1）从命令行输入命令时，可以输入某个命令的缩写字母，例如 LINE 命令，从键盘输入"L"也可以执行绘制"直线"命令，这样使绘图更快捷。

（2）在命令行出现"下一点"时，如果输入"U"或者选择快捷菜单中的"放弃"命令，可以取消刚绘制的线段。连续输入"U"并回车，就能够连续取消相应的线段。

（3）在命令行的"命令："提示下输入"U"则取消刚执行的命令。

（4）在命令行出现"下一点"时，如果输入"C"或者选择快捷菜单中的"闭合"命令，能够让绘出的折线封闭同时结束操作。也可以直接输入长度值，绘制出指定长度的直线段。

（5）如果需要准确画线过某一特定点，可以采用对象捕捉工具。

（6）可以利用 F6 功能键切换坐标形式，来确定线段的长度和角度。

（7）如果要绘制水平线和铅垂线，可以按下 F8 功能键进入正交模式。

（8）若要绘制带宽度的直线，可从"对象特性"工具栏的"线宽控制"列表框中选择线的宽度。

4. 应用示例

例如：使用直线工具绘制如图 4-9 所示的图形。

操作步骤如下：

（1）选择"绘图"/"直线"命令，或者在"绘图"工具栏上单击"直线" 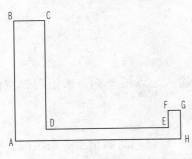按钮，执行 LINT 命令。

（2）在"指定第一点："   用鼠标直接拾取 A 点

（3）指定下一点或［放弃（U）]：@0，100↙   输入第 B 点

（4）指定下一点或［放弃（U）]：@24，0↙   输入第 C 点

（5）指定下一点或［闭合（C）/放弃（U）]：@0，−90↙   输入第 D 点

（6）指定下一点或［闭合（C）/放弃（U）]：@100，0↙   输入第 E 点

（7）指定下一点或［闭合（C）/放弃（U）]：@0，15↙   输入第 F 点

（8）指定下一点或［闭合（C）/放弃（U）]：@10，0↙   输入第 G 点

（9）指定下一点或［闭合（C）/放弃（U）]：@0，−25↙   输入第 H 点

（10）指定下一点或［闭合（C）/放弃（U）]：C↙   可得到封闭的图形。

图 4-9 使用直线命令绘制图形

4.2.3 绘制射线

射线是从一个指定点开始向一个方向无限延伸的直线。通过指定一个起点和通过点就可以确定一条射线。射线主要用于绘制辅助线。

指定射线的起点后，可在"指定通过点："提示下指定多个通过点，绘制以起点为端点的多条射线，直到按 Esc 键或 Enter 键退出为止。

1. 命令调用

执行绘制"射线"命令的途径有三种：

（1）功能区："常用"标签/"绘图"面板/"射线"。

（2）下拉菜单："绘图"/"射线"。

（3）命令行：RAY↙

2. 操作说明

（1）执行"绘图"/"射线"命令。

（2）在绘图窗口中单击鼠标或在命令行窗口用键盘输入起点的坐标来指定起点。

（3）移动鼠标并单击，或输入点的坐标，也可以指定通过点，同时画出了一条射线。

（4）连续移动鼠标并单击，就可以画出多条射线。

（5）按回车键结束绘制射线的操作。

3. 应用示例

执行"射线"命令后，命令行提示：

命令：RAY↙

指定起点：指定点 1。

指定通过点：指定射线要通过的点 2。

指定通过点：指定射线要通过的点 3。

指定通过点：指定射线要通过的点 4。

指定通过点：↙

绘制出的射线如图 4-10 所示。

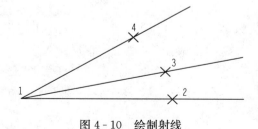

图 4-10 绘制射线

4.2.4 绘制构造线

在中文版 AutoCAD 2013 中，构造线类似于数学中的直线，向两端无限延伸，没有起点和终点。构造线主要是作为绘图时的辅助线。例如，可以用构造线查找三角形的中心或创建临时交点用于对象捕捉。

1. 命令调用

执行绘制"构造线"命令的途径有四种：

（1）功能区："常用"标签/"绘图"面板/"构造线"。▨

（2）单击"绘图"工具栏上"构造线"▨按钮。

（3）下拉菜单："绘图"/"构造线"。

（4）命令行：XLINE 或 XL↙

2. 操作说明

命令行：XL↙

命令行提示：

指定点或 ［水平（H）/垂直（V）/角度（A）/二等分（B）/偏移（O）］：

在执行了 XLINE 命令后，命令行中显示五个选项，默认选项是"指定点"。如果执行括号内的选项，需要输入选项的大写字符。

其中各个选项的含义如下：

（1）水平（H）：绘制通过指定点的水平构造线。

（2）垂直（V）：绘制通过指定点的垂直构造线。

（3）角度（A）：绘制与 X 轴的正方向成指定角度的构造线。

（4）二等分（B）：绘制二等分角的构造线。执行该选项后，输入角的顶点、角的起点和角的终点。输入三点后，就可以绘制角平分线。

（5）偏移（O）：绘制平行于指定直线的构造线。执行该选项后，给出偏移距离并指出位于指定直线哪一侧，就可以画出与指定直线相平行的构造线。

3. 应用示例

使用"构造线"工具，绘制如图 4-11 所示的辅助线。

操作步骤如下：

（1）在"绘图"工具栏上单击"构造线"▨按钮，执行 XLINE 命令。

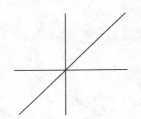

图 4-11　使用"构造线"
命令绘制图形

（2）指定点或［水平（H）/垂直（V）/角度（A）/二等分（B）/偏移（O）］：

H↙在绘图窗口中单击，绘制一条水平构造线。

（3）按回车键，结束构造线的绘制命令。

（4）再次按回车键，重新执行 XLINE 命令。

（5）指定点或［水平（H）/垂直（V）/角度（A）/二等分（B）/偏移（O）］：V↙

在绘图窗口中单击，绘制一条垂直构造线。

（6）指定点或［水平（H）/垂直（V）/角度（A）/二等分（B）/偏移（O）］：

A↙

（7）输入构造线的角度（O）或［参照（R）］：45↙

（8）选择水平构造线与垂直构造线的交点单击，按回车键，结束构造线绘制命令。

（9）保存绘制的图形，然后关闭绘图窗口。

4.2.5　绘制和编辑多段线

多段线是作为相互连接的线段序列，被作为单个平面对象创建的。能够绘制直线段、弧线段或者两者的组合线段。使用"矩形"、"正多边形"、"圆环"等命令绘制的矩形、正多边形和圆环等都属于多段线对象，多段线中的线条可以设置成为不同的线宽和线型。

多段线提供了单条直线所不具备的编辑功能。例如，可以调整多段线的宽度和曲率；创建多段线之后，可以采用"多段线编辑"命令来对多段线进行编辑；也可以使用"分解"命令把多段线转换成为单独的直线段和弧线段，然后再进行编辑。

1. 绘制多段线

（1）命令调用。

执行绘制"多段线"命令的途径有四种：

1）功能区："常用"标签/"绘图"面板/"多段线"。

2）单击"绘图"工具栏中"多段线"按钮。

3）下拉菜单："绘图"/"多段线"。

4）命令行：PLINE 或 PL↙

（2）操作说明。

单击"绘图"工具栏上"多段线"按钮，系统提示：

命令：_pline

指定起点：在绘图窗口用鼠标左键单击或用键盘输入起点坐标。

当前线宽为 0.0000

指定下一点或［圆弧（A）/闭合（C）/半宽（H）/长度（L）/放弃（U）/宽度（W）］：

1）圆弧（A）：由绘制直线方式改变为绘制圆弧方式，并给出绘制圆弧的提示。

当调用"圆弧"命令后，系统将出现新的提示：

指定圆弧的端点或［角度（A）/圆心（CE）/闭合（CL）/方向（D）/半宽（H）/直线（L）/半径（R）/第二个点（S）/放弃（U）/宽度（W）］：

其中各选项含义如下：

① 角度（A）：根据圆弧对应的圆心角来绘制圆弧段。

② 圆心（CE）：根据圆弧的圆心位置来绘制圆弧段。

③ 闭合（CL）：用当前点和起点绘制圆弧段，闭合多段线并结束绘制多段线命令。

④ 方向（D）：根据起点的切线方向绘制圆弧段。

⑤ 直线（L）：由绘制圆弧切换回到绘制直线。

⑥ 半径（R）：根据半径绘制圆弧段。

⑦ 第二个点（S）：根据三个点来绘制圆弧段。

⑧ 放弃（U）：取消最后一次绘制的圆弧段。

⑨ 半宽（H）/宽度（W）：设置圆弧起点和端点的半宽度值与宽度值。

2）闭合（C）：系统从当前点到多段线的起点之间用当前宽度画一条直线，构成封闭的多段线，同时结束绘制多段线命令。

3）半宽（H）：用来确定多段线宽度的一半值。

4）长度（L）：用于确定多段线的长度。

5）放弃（U）：取消刚绘制出来的多段线。

6）宽度（W）：用于确定多段线的宽度值。

2. 编辑多段线

（1）命令调用。

① 功能区："常用"标签/"修改"面板/编辑"多段线"。

② 单击"修改 II"工具栏中编辑"多段线"按钮。

③ 下拉菜单："修改"/"对象"/"多段线"。

④ 命令行：PEDIT 或 PE✓

（2）操作说明。

"编辑多段线"命令可以一次编辑一条或者多条多段线。当选择一条多段线时，命令行提示：

命令：PEDIT✓

选择多段线或［多条（M）］：选择一条多段线，命令行提示：

输入选项［闭合(C)/合并(J)/宽度(W)/编辑顶点(E)/拟合(F)/样条曲线(S)/非曲线化(D)/线型生成(L)/放弃(U)］：

选择多条多段线时，执行"［多条（M）］"命令，命令行提示：

输入选项［闭合(C)/合并(J)/宽度(W)/编辑顶点(E)/拟合(F)/样条曲线(S)/非曲线化(D)/线型生成(L)/放弃(U)］：

其中主要命令含义如下：

1）闭合（C）：封闭所编辑的多段线，自动首尾相连。选择"闭合"选项才闭合多段线，因为系统默认状态是打开的。

2）合并（J）：把直线段、圆弧或者多段线连接到指定的非闭合多段线上。

如果编辑的是多个多段线，系统会提示输入：

合并类型＝延伸

输入模糊距离或［合并类型（J）］＜0.0000＞：输入合并多段线的模糊距离。

　　如果编辑的是单个多段线，系统会自动以最后一段绘图模式，即画直线或者画圆弧，来首尾连接一条多段线。

　　3）宽度（W）：指定整个多段线新的统一宽度值。

　　4）拟合（F）：采用双圆弧曲线来拟合多段线的拐角。

　　5）样条曲线（S）：用样条曲线拟合多段线，并且拟合时以多段线的各顶点为样条曲线的控制点。

　　6）非曲线化（D）：删除由拟合曲线或者样条曲线所插入的多余顶点，拉直多段线的所有线段，保留多段线顶点的所有切向信息，用于随后的曲线拟合。

　　7）线型生成（L）：生成经过多段线顶点的连续图案线型。关闭此选项，将在每个顶点处以点划线开始和结束生成线型。线型生成不能用于带变宽线段的多段线。

　　8）放弃（U）：还原操作，可以一直返回到 PEDIT 任务开始时的状态。

　　9）编辑顶点（E）：编辑多段线的顶点，只对单个多段线进行操作。

　　编辑多段线的顶点时，命令行提示：

　　输入顶点编辑选项

　　[下一个(N)/上一个(P)/打断(B)/插入(I)/移动(M)/重生成(R)/拉直(S)/切向(T)/宽度(W)/退出(X)]<N>：

　　其中各选项含义如下：

　　(a) 下一个（N）：可以使位置标记×逐一向前移动。

　　(b) 上一个（P）：可以使位置标记×逐一向后退。

　　(c) 打断（B）：使多段线在当前点断开，成为两条新多段线。

　　(d) 插入（I）：在多段线的标记顶点之后添加新的顶点。

　　命令行提示：

　　指定新顶点的位置：单击鼠标左键或者输入新顶点坐标。

　　(e) 移动（M）：移动带标记的顶点。

　　命令行提示：

　　指定标记顶点的新位置：单击鼠标左键或者输入新顶点坐标。

　　(f) 重生成（R）：重新生成多段线。经常与"宽度"选项连用。

　　(g) 拉直（S）：拉直多段线中位于两个指定顶点间的线段。

　　(h) 切向（T）：将切线方向附着到编辑顶点以便用于以后的曲线拟合。

　　(i) 宽度（W）：修改当前编辑顶点之后线段的起点宽度和端点宽度。必须重生成多段线才能显示新的宽度。

　　(j) 退出（X）：退出"编辑顶点"模式。

　　3. 应用示例

　　利用"多段线"命令绘制图 4 - 12 中的图形。

　　操作步骤如下：

　　(1) 单击"绘图"/"多段线" ⏎ 按钮，命令行提示：

　　(2) 指定起点：当前线宽为 10.0000。

　　(3) 指定下一个点或[圆弧(A)/半宽(H)/长度(L)/放弃(U)/宽度(W)]：W↙选择宽度设置选项。

指定起点宽度 <10.0000>：✓指定起点宽度为 10。
指定端点宽度 <10.0000>：✓指定端点宽度为 10。

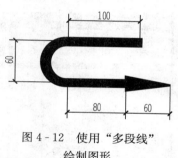

图 4-12　使用"多段线"
绘制图形

（4）指定下一点或［圆弧（A）/闭合（C）/半宽（H）/长度（L）/放弃（U）/宽度（W）］：L✓选择长度设置选项。

指定直线的长度：@-100，0✓指定直线长度为 100。

（5）指定下一点或［圆弧（A）/闭合（C）/半宽（H）/长度（L）/放弃（U）/宽度（W）］：A✓选择画圆弧选项。

（6）指定圆弧的端点或［角度（A）/圆心（CE）/闭合（CL）/方向（D）/半宽（H）/直线（L）/半径（R）/第二个点（S）/放弃（U）/宽度（W）］：A✓选择圆弧角度设置选项。

（7）指定包含角：180✓指定包含角为 180。

（8）指定圆弧的端点或［圆心（CE）/半径（R）］：@ 0，-60✓

（9）指定圆弧的端点或［角度（A）/圆心（CE）/闭合（CL）/方向（D）/半宽（H）/直线（L）/半径（R）/第二个点（S）/放弃（U）/宽度（W）］：

L✓选择直线选项。

（10）指定下一点或［圆弧（A）/闭合（C）/半宽（H）/长度（L）/放弃（U）/宽度（W）］：@ 80，0✓

（11）指定下一点或［圆弧（A）/闭合（C）/半宽（H）/长度（L）/放弃（U）/宽度（W）］：W✓选择宽度设置选项。

（12）指定起点宽度 <10.0000>：20✓指定起点宽度为 20。

（13）指定端点宽度 <20.0000>：0✓指定端点宽度为 0。

（14）指定下一点或［圆弧（A）/闭合（C）/半宽（H）/长度（L）/放弃（U）/宽度（W）］：L✓选择长度设置选项。

（15）指定直线的长度：@60，0✓结束多段线绘制操作。

（16）保存绘制的图形，关闭绘图窗口。

4.3　绘制和编辑多线

多线是一种由多条平行线组成的图形对象，平行线数量可以由 1 条至 16 条，平行线之间的间距和数目是可以调整的，常用多线绘制建筑图中的墙体、窗户等。在创建新图形时，中文版 AutoCAD 2013 自动创建一个"标准"多线样式作为默认值，用户可以创建、保存并编辑自己的多线样式。

4.3.1　定义多线样式

在绘制多线之前要对多线样式进行定义，然后用定义的样式去绘制多线。通过指定每个线条元素距多线原点的偏移量来确定线条元素的位置。还可以设置每个线条元素的颜色、线型，以及显示或隐藏多线的拐角处的连接线。

多线样式用于控制多线中线条元素的数目、颜色、线型、线宽以及每个元素的偏移量。还可以修改合并的显示、端点封口以及背景填充。

图 4-13   "多线样式" 对话框

1. 命令调用

(1) 下拉菜单："格式" / "多线样式"。

(2) 命令行：MLSTYIE ↙

2. 操作说明

(1) 选择 "格式" / "多线样式" 命令，打开一个 "多线样式" 对话框，如图 4-13 所示。

(2) 单击 "新建" 按钮，打开 "创建新的多线样式" 对话框。在新样式名称栏内输入名称，例如 "QL24"，如图 4-14 所示。

(3) 单击 "继续" 按钮，弹出 "新建多线样式：QL24" 对话框，如图 4-15 所示。选择多线样式的参数，"说明" 是可选的，最多可以输入 255 个字符，包括空格。

(4) 在 "封口" 选项区域，选择多线的封口形式。还有选择是否填充颜色和显示连接。此项选择直线封口，即在多线的起点和端点封口。

(5) "图元" 选项区域，单击 "添加" 按钮，在线条元素栏内增加了一个线条元素。

(6) 在 "偏移" 栏内可以设置新增线条元素的偏移量。例如："QL24" 墙在 "偏移" 栏内 0.5 改为 120，－0.5 改为－120。"24 墙体" 是指厚度为 240mm 的墙体，为最常见建筑施工图的墙体厚度。

(7) 选择 "颜色"、"线型" 按钮设置新增线条元素的颜色和线型。

(8) 按 "确定" 按钮，返回到 "多线样式" 对话框。

(9) 单击 "置为当前" 按钮，最后按 "确定" 按钮，完成定义多线样式设置，如图 4-16 所示。

图 4-14   "创建新的多线样式" 对话框

(10) 在 "多线样式" 对话框中，按 "保存" 按钮，可以把多线样式保存为文件，其默认文件为 "acad. mln"。在本例中可以修改为 "QL24. mln"，如果要创建多个多线样式，可以在创建新样式之后保存当前样式。

4.3.2   绘制多线

用户使用 "多线" 命令绘制的图形，可以采用自己已经定义的样式，也可以采用系统默认的 "标准" 样式。

1. 命令调用

(1) 下拉菜单："绘图" / "多线"。

(2) 命令行：MLINE 或 ML ↙

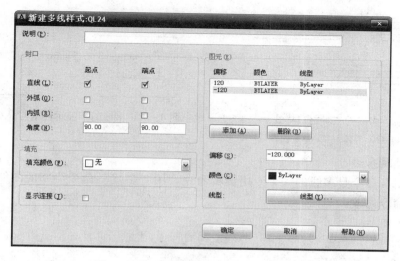

图 4 - 15 "创建新的多线样式" 对话框

2. 操作说明

执行 "绘图" / "多线" 命令，命令行提示如下：

指定起点或 [对正 (J) /比例 (S) /样式 (ST)]：

在窗口中单击鼠标左键或在命令行窗口用键盘输入起点的坐标，移动鼠标再单击，就可以指定下一点，同时画出一段多线。

其中各个选项的含义如下：

(1) 指定起点：选择该选项就是输入多线的起点，系统会以当前的线型样式、比例和对正方式绘制多线。

(2) 对正 (J)：确定绘制多线的对正方式。

(3) 比例 (S)：确定所绘制多线相对于定义多线的比例系数，系统默认为 1.00。

图 4 - 16 完成定义多线样式设置

(4) 样式 (ST)：确定绘制多线时所使用的多线样式，默认样式为 STANDARD。执行该选项后，系统会提示，输入定义过的多线样式名称，或者输入 "?" 显示已有的多线样式。

系统提供了 "STANDARD" 多线样式，用户可以按照绘制直线的方法，使用系统默认的多线样式绘制图形，此时多线的对正方式为 "上"，"平行线间距为 20"，默认比例为1.00。图 4 - 17 为多线的三种封口样式，图 4 - 18 为多线拐角处的连接线不显示与显示的对比情况。

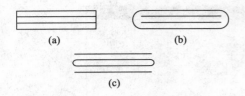

图 4-17　多线的三种封口样式　　　　　　图 4-18　多线的不显示连接与显示连接对比
(a) 直线封口；(b) 外弧封口；(c) 内弧封口

4.3.3　编辑多线

"多线编辑"命令是多线的一个专用编辑命令，用"多线"命令绘制的图线，只能使用"多线编辑"命令修改。

1. 命令调用

(1) 下拉菜单："修改" / "对象" / "多线"。

(2) 命令行：MLEDIT ↙

图 4-19　"多线编辑工具"对话框

2. 操作说明

选择"编辑多线"命令之后，会出现一个"多线编辑工具"对话框，如图 4-19 所示。编辑多线主要通过此框来进行。对话框中的各个图标准确地反映了"编辑多线"命令的功能。

选定多线的编辑方式后，命令行提示：

选择第一条多线：指定要剪切的多线的保留部分。

选择第二条多线：指定剪切部分的边界线。

该命令可连续使用。

按回车键，结束"编辑多线"命令。

3. 应用示例

示例 1：绘制如图 4-20 所示的墙线。

操作步骤如下：

(1) 在命令行输入 LIMITS 命令，这时命令行提示指定左下角，按回车键后命令行接着提示指定右上角，在该提示后输入 2500，4000 并按回车键。

(2) 在命令行中输入 ZOOM 命令，输入选项 S 后按回车键，系统显示输入比例因子的提示，在此提示后输入 0.01。

(3) 定义多线样式。

1) 执行"格式" / "多线样式"命令，打开"多线样式"对话框。如图 4-13 所示。

2) 单击"新建"按钮，打开"创建新的多线样式"对话框。在新样式名称栏内输入名称"QL24"，如图 4-14 所示。

3) 单击"继续"按钮，弹出"创建新的多线样式"对话框，如图 4-15 所示。

4) 在"偏移"栏内 0.5 改为 120，-0.5 改为 -120，选择直线在起点和端点封口。

5）按"确定"按钮，退出"多线样式"对话框。

（4）绘制轴线。

选择"直线"和"偏移"命令绘制轴线，如图 4-21 所示。

（5）绘制多线。

采用定义的"墙体"多线的样式，中心对齐方式和 1.00 比例大小绘制多线。

1）执行"绘图"/"多线"命令，系统提示如下：

2）指定起点或［对正（J）/比例（S）/样式（ST）］：J↙

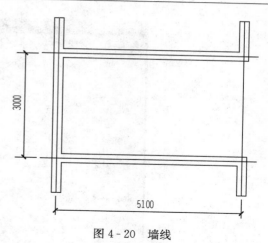

图 4-20 墙线

3）输入对正类型［上（T）/无（Z）/下（B）］<上>：Z↙

4）指定起点或［对正（J）/比例（S）/样式（ST）］：S↙

5）输入多线比例<1.00>：↙

6）指定起点或［对正（J）/比例（S）/样式（ST）］：ST↙

7）输入多线样式名或［?］QL24↙

8）指定多线起点，绘制多线如图 4-22 所示。

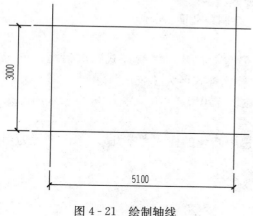

图 4-21 绘制轴线

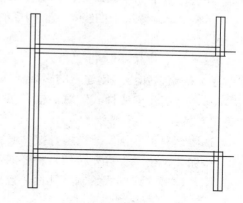

图 4-22 绘制墙线

（6）修剪"多线"：

1）选择"修改"/"对象"/"多线"，打开"多线编辑工具"对话框，选择"T 形打开"，如图 4-23 所示，再关闭对话框。

选择多线的编辑方式后，命令行提示：

2）选择第一条多线：指定上面一条横向墙线的中部。

3）选择第二条多线：指定左边的一条竖向墙线。

4）选择"修改"/"对象"/"多线"，打开"多线编辑工具"对话框，选择"角点结合"，如图 4-23 所示，再关闭对话框。

选择多线的编辑方式后，命令行提示：

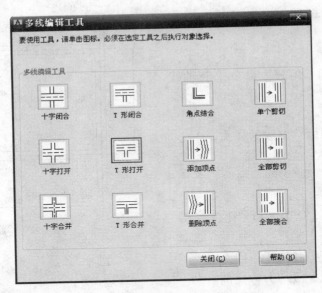

图 4-23　选择"T 形打开"

5）选择第一条多线：指定上面一条横向墙线的中部。

6）选择第二条多线：指定右边的一条竖向墙线。

同法修剪下面一条墙线，修剪结果如图 4-24 所示。

示例 2：设置一个四线条元素构成的多线样式，绘制茶几面。

操作步骤如下：

（1）从下拉菜单执行"格式"/"多线样式"命令，打开"多线样式"对话框，单击"新建"按钮，弹出"创建新的多线样式"对话框，输入样式名为"茶几"，单击"继续"按钮，弹出"新建多线样式"对话框，在"偏移"栏内除了 0.5，-0.5 添加 0.3，-0.1。按"确定"按钮。

选中"显示连接"复选框，按"确定"按钮。选中新建的样式"茶几"，单击"置为当前"按钮。单击"保存"按钮，将样式保存起来。

用新建的多线样式绘制茶几面，效果如图 4-25 所示。

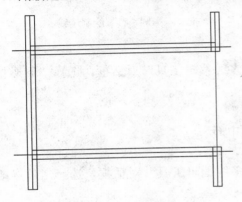

图 4-24　修剪墙线

图 4-25　多线图例

（2）绘制步骤如下：

1）命令：MLINE ✓

当前设置：对正＝无，比例＝40.00，样式＝STANDARD

2）指定起点或［对正（J）/比例（S）/样式（ST）]：ST ✓ 表示选择多线的样式。

3）输入多线样式名或［?]：茶几 ✓ 输入多线的样式名为前面新建的茶几样式，按回车键确定。

当前设置：对正＝无，比例＝40.00，样式 ＝茶几

4）指定起点或［对正（J）/比例（S）/样式（ST）]：在绘图区中任意指定多线的起点。

5）指定下一点：@0，300 ✓

6）指定下一点或［放弃（U）]：@600，0 ✓

7）指定下一点或［闭合（C）/放弃（U）]：@0，-300 ✓

8）指定下一点或［闭合（C）/放弃（U）]：C ✓ 表示将多线闭合。

4.4 绘制矩形和正多边形

矩形和正多边形经常出现在建筑施工图中，很多实体的表面或者投影都表现矩形或正多边形。掌握这两种基本图元的作图有助于绘制比较复杂的图形。

4.4.1 绘制矩形

用户可以选择"矩形"命令直接创建矩形，指定矩形的长度、宽度、面积和旋转参数，也可以对矩形进行倒斜角或者修圆角，还可以改变矩形的线宽。

1. 命令调用

（1）功能区："常用"标签/"绘图"面板/"矩形"。▢

（2）单击"绘图"工具栏中"矩形" ▢ 按钮。

（3）下拉菜单："绘图" / "矩形"。

（4）命令行：RECTANGLE、RECTANG 或 REC ✓

2. 操作说明

选择"矩形"命令之后，系统提示：

指定第一角点或［倒角（C）/标高（E）/圆角（F）/厚度（T）/宽度（W）]：其中各选项含义如下：

（1）第一角点：确定矩形的第一角点。再输入另一角点，就可以直接绘制一个矩形。

（2）倒角（C）：确定矩形四角的倒角，是带倒角的矩形。

（3）圆角（F）：确定矩形的圆角，是带圆角的矩形。

（4）厚度（T）：在三维制图时设置矩形的厚度。

（5）标高（E）：用于在三维制图时设置矩形的基面位置。

（6）宽度（W）：确定矩形四边的线宽。是带有宽度信息的矩形。

以上各种选择之后的绘制结果如图 4 - 26 所示。

3. 应用示例

如图 4 - 27 所示的矩形。

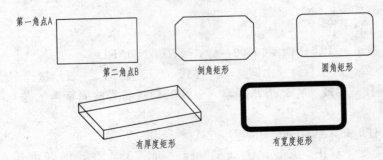

图 4-26 使用"矩形"命令绘制的图形

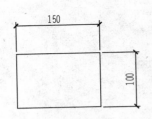

图 4-27 绘制矩形

绘制步骤：

命令：RECTANG ↙

指定第一个角点或[倒角（C）/标高（E）/圆角（F）/厚度（T）/宽度（W）]：用鼠标选点或输入矩形的第一个顶点坐标。

指定另一个角点：@150,100 ↙

4.4.2 绘制正多边形

创建正多边形是画正方形、等边三角形和六边形等图形的简单方法。在 AutoCAD 2013 中可以绘制边数为 3~1024 的正多边形。

1. 命令调用

执行绘制"正多边形"命令的途径有四种：

（1）功能区："常用"标签/"绘图"面板/"正多边形"。

（2）单击"绘图"工具栏中"正多边形"按钮。

（3）下拉菜单："绘图"/"正多边形"。

（4）命令行：POLYGON 或 POL ↙

2. 操作说明

选择"正多边形"命令之后，系统提示：

输入边的数目〈4〉：输入正多边形的边数。

指定正多边形的中心点或[边（E）]：

其中各选项含义如下：

（1）边（E）：执行该选项后，输入边的第一个端点和第二个端点，可以由边数和一条边确定正多边形。

（2）正多边形的中心点：执行该选项，系统提示：

输入选项[内接于圆（I）/外切于圆（C）]〈I〉：

1）内接于圆（I）：根据多边形的外接圆确定多边形，多边形的顶点都位于假设圆，需要指定边数和半径。如图 4-28（a）所示。

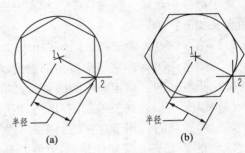

图 4-28 用"正多边形"命令绘制图形

（a）根据多边形内接于圆确定多边形；

（b）根据多边形外切于圆确定多边形

2) 外切于圆（C）：根据多边形的内切圆确定多边形，多边形的各边与假设圆相切，需要指定边数和半径。如图 4-28（b）所示。

在采用这两个选项绘图时，外接圆和内切圆是不出现的，只出现代表圆半径的直线段。

3. 应用示例

用两种方式绘制正五边形，如图 4-29 所示。

执行绘制"正五边形"命令，命令行提示：

命令行：POL ↙

（a）命令：POLYGON 输入边的数目 ＜4＞：5 ↙

指定正多边形的中心点或 [边（E）]：任意拾取一点 A，作为正多边形的中心点。

输入选项 [内接于圆（I）/外切于圆（C）] ＜I＞：C ↙

指定圆的半径：20 ↙

绘制完成后，结果如图 4-29（a）所示。

（b）命令：POLYGON 输入边的数目＜5＞：5 ↙

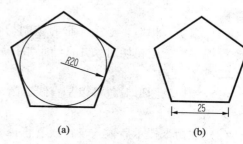

图 4-29　用两种方式绘制五边形
（a）根据内切圆确定正多边形；
（b）根据边长确定正多边形

指定正多边形的中心点或 [边（E）]：E ↙ 表示选择"边"方式。

指定边的第一个端点：拾取一点 B。

指定边的第二个端点：@25，0 ↙

绘制完成后，结果如图 4-29（b）所示。

4.5　绘制圆、圆弧、椭圆、椭圆弧、圆环

在中文版 AutoCAD 2013 中，圆和圆弧的绘制方法虽然比线性对象复杂，但是绘制圆和圆弧的方法比较多。

4.5.1　绘制圆

AutoCAD 2013 提供了六种绘制圆的方式，用户可以选用不同的绘制方法。

方法 1：圆心、半径法（CEN、R）。

方法 2：圆心、直径（CEN、D）。

方法 3：两点法（2P）。

方法 4：三点法（3P）。

方法 5：相切、相切、半径法（TTR）。

方法 6：相切、相切、相切（TAN）。

1. 命令调用

执行绘制"圆"命令的途径有四种：

（1）功能区："常用"标签/"绘图"面板/"圆"。

（2）单击"绘图"工具栏上"圆"　按钮。

（3）下拉菜单："绘图"/"圆"。

（4）命令行：CIRCLE 或 C↙

2．操作说明

选择"圆"命令，命令行显示如下：

指定圆的圆心或 ［三点（3P）/二点（2P）/相切、相切、半径（T）］：

其中各选项含义如下：

（1）三点（3P）：用三点画圆。依次输入三个点，绘制出一个圆。

（2）二点（2P）：用二点画圆。依次输入二个点，绘制出一个圆，两点间的距离为圆的直径。

（3）相切、相切、半径（T）：绘制与两个对象相切，半径已知的圆。输入 T 后，根据命令行提示，指定相切对象并且给定半径后，能绘制一个圆。

3．特别提示

（1）相切的图形对象可以是直线、圆、圆弧、椭圆等，这种绘制圆的方式在圆弧连接中经常采用。

（2）在命令提示后输入半径或者直径时，如果所输入的值无效，如英文字母、负值等，系统将显示"需要数字距离或第二点"、"值必须为正且非零"等信息，并提示重新输入值，或者退出该命令。

（3）使用"相切、相切、半径"命令时，系统总是在距拾取点最近的部位绘制相切的圆。因此，拾取相切对象时，所拾取的位置不同，最后得到的结果有可能也不相同。

4．应用示例

用四种方式绘制圆，如图 4-30 所示。

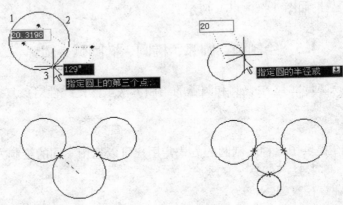

图 4-30　绘制圆

示例 1：三点方式画圆。

选取"绘图"/"圆"/"三点"命令。

3P 指定圆的第一点：指定圆上第 1 点。

指定圆的第二点：指定圆上第 2 点。

指定圆的第三点：指定给圆上第 3 点，按回车键，画圆完毕。

示例 2：给定圆心、半径画圆。（系统默认方式）

命令：CIRCLE↙

指定圆的圆心或［三点（3P）／两点（2P）／相切、相切、半径（T）］：指定圆心。

指定圆的半径［直径（D）］＜30＞：20✔画圆完毕。

示例 3：切点、切点、半径画圆。

从工具栏上选择"圆"命令，然后在绘图区单击鼠标右键，从弹出的右键菜单中选择"相切、相切、半径"项。

指定对象与圆的第一个切点：指定第一个相切实体。

指定对象与圆的第二个切点：指定第二个相切实体。

指定圆的半径＜10＞：30✔画圆完毕。

示例 4：切点、切点、切点画圆。

从下拉菜单中选取"绘图"／"圆"／" 切点、切点、切点"命令。

指定圆上的第一个点：TAN 到指定第一个相切实体。

指定圆上的第二个点：TAN 到指定第二个相切实体。

指定圆上的第三个点：TAN 到指定第三个相切实体。

4.5.2　绘制圆弧

中文版 AutoCAD 2013 提供了 11 种画圆弧的方法，具体采用哪种方法，用户可以根据不同的情况来确定。

1. 命令调用

执行绘制"圆弧"命令的途径有四种：

（1）功能区："常用"标签／"绘图"面板／"圆弧"。

（2）单击"绘图"工具栏："圆弧"按钮。

（3）下拉菜单："绘图"／"圆弧"。

（4）命令行：ARC✔

2. 操作说明

从下拉菜单中执行绘制"圆弧"的操作最为直观。图 4 - 31 所示为画圆弧的菜单。可以选择不同的画圆弧方式。图 4 - 32 所示为圆弧绘制示例。

（1）三点：指定圆弧的起点、通过的第二个点和端点绘制圆弧。

（2）起点、圆心、端点：指定圆弧的起点、圆心和端点绘制圆弧。

（3）起点、圆心、角度：指定圆弧的起点、圆心和角度绘制圆弧。

选择"起点、圆心、角度"命令绘制圆弧时，是指定圆心，从起点按指定包含角逆时针方向绘制圆弧。如果输入的角度为负，将顺时针方向绘制圆弧。

（4）起点、圆心、长度：指定圆弧的起点、圆心和弦长绘制圆弧。

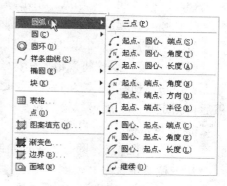

图 4 - 31　画圆弧的菜单

（5）起点、端点、角度：指定圆弧的起点、端点和角度绘制圆弧。

（6）起点、端点、方向：指定圆弧的起点、端点和方向绘制圆弧。

采用"起点、端点、方向"方式绘制圆弧。该命令时，当命令行提示"指定圆弧的起点

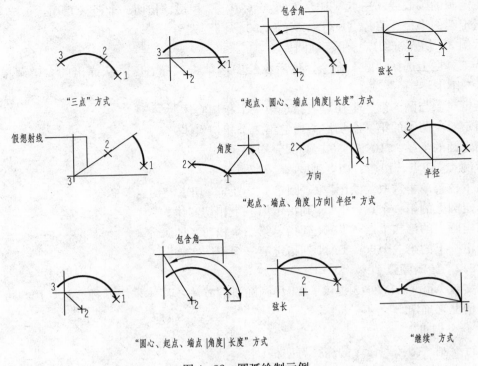

图 4-32　圆弧绘制示例

切向:"时，可以通过拖动鼠标的方式动态地确定圆弧在起始点处的切线方向与水平方向的夹角。方法是：拖动鼠标，AutoCAD 2013 会在当前光标与圆弧起始点之间形成一条橡皮筋线，此橡皮筋线为圆弧在起始点处的切线。通过拖动鼠标确定圆弧在起始点处的切线方向后单击鼠标左键，就可以得到相应的圆弧。

（7）起点、端点、半径：指定圆弧的起点、端点和半径绘制圆弧。

（8）圆心、起点、端点：指定圆弧的圆心、起点和端点绘制圆弧。

（9）圆心、起点、角度：指定圆弧的圆心、起点和角度绘制圆弧。

（10）圆心、起点、长度：指定圆弧的圆心、起点和长度绘制圆弧。

（11）继续：系统将以最后一次绘制的线段或圆弧过程中确定的最后一点作为新圆弧的起点，以最后所绘线段方向或者圆弧终止点处的切线方向为新圆弧在起始点处的切线方向，然后再指定一点，就可以绘制出另一圆弧。

3. 应用示例

示例 1：用起点、圆心、弦长绘制圆弧。

从下拉菜单选择"绘图"/"圆弧"/"起点、圆心、弦长"命令，系统命令行提示：

指定圆弧的起点或 [圆心（C）]：指定"1"点。

指定圆弧的第二点或 [圆心（C）/端点（E）]：C↙

指定圆弧的圆心：指定圆心点。

指定圆弧的端点 [角度（A）/弦长（L）]：L↙

指定弧长：150↙

其绘制结果如图 4 - 33（a）所示。

如果输入的弦长为负值是－145。

指定弧长：－145 ↙

其绘制结果如图 4 - 33（b）所示。

示例 2：用起点、圆心、角度绘制如图 4 - 34 所示的圆弧。

从下拉菜单选择"绘图"/"圆弧"/"起点、终点、角度"命令，系统命令行提示：

指定圆弧的起点或［圆心（C）］：指定"1"点。

指定圆弧的第二点或［圆心（C）/端点（E）］：E ↙

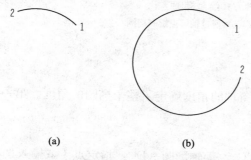

图 4 - 33　起点、圆心、弦长方式绘制圆弧　　　图 4 - 34　起点、终点、角度方式绘制圆弧

指定圆弧的端点：指定"2"点。

指定圆弧的圆心或［角度（A）方向（D）/半径（R）］：A ↙

指定包含角：145 ↙

其绘制结果如图 4 - 34 所示。

4.5.3　绘制椭圆

中文版 AutoCAD 2013 提供了精确地绘制椭圆的四种方式。

1. 命令调用

执行绘制"椭圆"命令的途径有四种：

（1）功能区："常用"标签/"绘图"面板/"椭圆"。

（2）单击"绘图"工具栏中"椭圆"　按钮。

（3）下拉菜单："绘图"/"椭圆"。

（4）命令行：ELLIPSE 或 EL ↙

2. 操作说明

选择绘制"椭圆"命令时，系统提示：

命令：EL ↙

ELLIPSE

指定椭圆的轴端点或［圆弧（A）/中心点（C）］：

（1）确定椭圆中心、轴的端点，输入另一半轴长度绘制椭圆，如图 4 - 35（a）所示。

（2）指定椭圆轴的两个端点，另一条半轴长度，绘制出椭圆，如图 4 - 35（b）所示。

（3）确定椭圆中心、轴的端点，输入 R 后再指定绕长轴旋转的角度绘制椭圆。

（4）绘制椭圆弧。

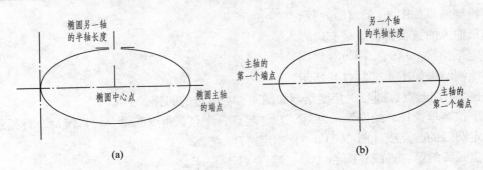

图 4-35 用两种方式绘制椭圆

(a) 通过椭圆中心绘制椭圆；(b) 通过轴端点绘制椭圆

3. 应用示例

示例：轴、端点法。

根据两个端点定义椭圆的第一条轴。第一条轴的角度确定了整个椭圆的角度。第一条轴既可定义椭圆的长轴也可定义短轴。

命令：ELLIPSE↙

指定椭圆的轴端点或［圆弧（A）/中心（C）/等轴测圆（I）］：指定点 1 或输入选项。

指定轴的另一个端点：指定点 2。

指定另一条半轴长度或［旋转（R）］：通过输入值或定位点 3 来指定距离，或者输入 R 后按回车键，选择旋转方式。

指定绕长轴旋转的角度：指定点 3 或输入一个介于 0 至 89.4 的角度值。输入值越大，椭圆的离心率就越大，输入 0 将为圆形。

绘制结果如图 4-36 所示。

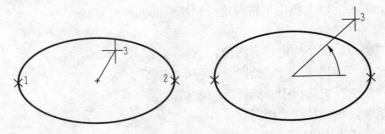

图 4-36 定义椭圆法

4.5.4 绘制椭圆弧

1. 命令调用

（1）功能区："常用"标签/"绘图"面板/"椭圆弧"。

（2）单击"绘图"工具栏上"椭圆弧"按钮。

（3）下拉菜单："绘图"/"椭圆"/"椭圆弧"。

（4）命令行：ELLIPSE 或 EL↙

2. 操作说明

绘制椭圆弧与绘制椭圆相同，先确定椭圆的形状，再按起始角和终止角参数绘制椭圆弧。

示例：创建一段椭圆弧。

第一条轴的角度确定了椭圆弧的角度，第一条轴既可定义椭圆弧长轴也可定义椭圆弧短轴，如图 4 - 37 所示。

命令行提示：

命令：ELLIPSE↙

指定椭圆的轴端点或［圆弧（A）/中心点（C）］：A↙表示选择圆弧方式。

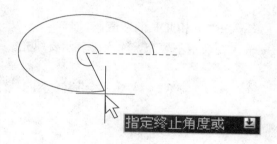

图 4 - 37 绘制椭圆弧

指定椭圆弧的轴端点或［中心点（C）］：C↙表示选择中心点。

指定椭圆弧的中心点：在绘图中点取椭圆的中心点。

指定轴的端点：@80，0↙

指定另一条半轴长度或［旋转（R）］：@－80，150↙

指定起始角度或［参数（P）］：30↙

指定终止角度或［参数（P）/包含角度（I）］：280↙

4.5.5　绘制圆环

绘制圆环是创建填充圆环或者实体填充圆的一个捷径。在 AutoCAD 2013 中，圆环是由具有一定宽度的多段线封闭形成的。

要创建圆环，需要指定它的内、外直径和圆心。通过指定不同的中心点，可以继续创建具有相同直径的多个圆环。要创建实体填充圆，可以把内径值设定为 0。

1. 命令调用

（1）下拉菜单："绘图" / "圆环"。

（2）命令行：DONUT 或 DO↙

2. 操作示例

绘制如图 4 - 37 所示的图形。

命令：DONUT↙

指定圆环的内径 ＜0.5000＞：30↙指定圆环的内径。

指定圆环的外径 ＜1.0000＞：80↙指定圆环的外径。

指定圆环的中心点或 ＜退出＞：指定圆环的中心点。

绘制结果如图 4 - 38（a）所示。

说明：圆环内的填充图案显示与否取决于 FILL 命令的设置。如果将填充关闭，命令行提示如下：

命令：FILL↙

输入模式［开（ON）/关（OFF)]＜开＞：OFF

此时再次绘制出的圆环如图 4 - 38（b）所示。

利用系统变量 FILLMODE 设置是否填充圆环步骤如下：

命令行输入 FILLMODE 后按回车键，系统

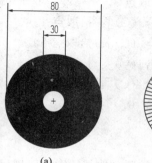
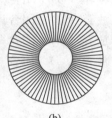

图 4 - 38　绘制圆环

提示：

输入 FILLMODE 的新值：

输入 0 表示不填充，输入 1 表示要填充。

4.6　绘制样条曲线、图案填充和面域☆

4.6.1　绘制样条曲线

样条曲线是一条多段光滑曲线，常用来绘制建筑图中的波浪线。

1. 命令调用

执行绘制"样条曲线"命令的途径有四种：

（1）功能区："常用"标签/"绘图"面板/"样条曲线"。〰

（2）单击"绘图"工具栏上"样条曲线"〰按钮。

（3）下拉菜单："绘图"/"样条曲线"。

（4）命令行：SPLINE✓

2. 操作说明

执行绘制"样条曲线"命令后，系统提示：

当前设置：方式＝拟合　节点＝弦

指定第一个点或［方式（M）/节点（K）/对象（O）］：输入起点。

输入下一个点或［起点切向（T）/公差（L）］：输入下一点。

输入下一个点或［端点相切（T.）/公差（L）/放弃（U）］：输入下一点。

输入下一个点或［端点相切（T）/公差（L）/放弃（U）/闭合（C）］：输入终点。

输入下一个点或［端点相切（T）/公差（L）/放弃（U）/闭合（C）］：✓

即可绘制出有四个控制点的一条样条曲线。

3. 应用示例

绘制出一条样条曲线，由点 1、2、3、4、5、6、7 组成，如图 4-39 所示。

命令：SPLINE✓

当前设置：方式＝拟合　节点＝弦

指定第一个点或［方式（M）/节点（K）/对象（O）］：拾取点 1。

输入下一个点或［起点切向（T）/公差（L）］：拾取点 2。

输入下一个点或［端点相切（T）/公差（L）/放弃（U）］：拾取点 3。

输入下一个点或［端点相切（T）/公差（L）/放弃（U）/闭合（C）］：拾取点 4。

输入下一个点或［端点相切（T）/公差（L）/放弃（U）/闭合（C）］：拾取点 5。

输入下一个点或［端点相切（T）/公差（L）/放弃（U）/闭合（C）］：拾取点 6。

输入下一个点或［端点相切（T）/公差（L）/放弃（U）/闭合（C）］：拾取点 7。

输入下一个点或［端点相切（T）/公差（L）/放弃（U）/闭合（C）］：✓

绘制的结果如图 4-39 所示。

4.6.2　图案填充

在建筑制图中，剖面填充可以用来表达建筑中各种建筑材料的类型、地基轮廓面、房屋屋顶的结构特征，以及墙体的剖面等。AutoCAD 2013 为用户提供了图案填充功能。在进行图案填充时，需要确定的内容有三个：

　　（1）填充的区域。

　　（2）填充的图案。

　　（3）图案填充方式。

　　在 AutoCAD 2013 中，用户可以使用 BHATCH 命令创建关联或非关联的图案填充。另外，还可以使用 HATCH 命令创建非关联的图案填充，HATCH 命令适用于填充非封闭边界的区域。BHATCH 命令有对话框和命令行两种方式，通常采用对话框方式操作，与 BHATCH 命令不同，HATCH 命令只能在命令行上使用。

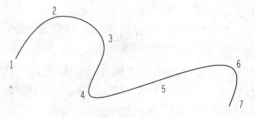

图 4-39　样条曲线的画法

　　1. 命令调用

　　执行"图案填充"命令的途径有四种：

　　（1）功能区："常用"标签/"绘图"面板/"图案填充"。▨

　　（2）单击"绘图"工具栏上"图案填充"▨按钮。

　　（3）下拉菜单："绘图"/"图案填充"。

　　（4）命令行：BHATCH 或 HATCH↙

　　2. 操作说明

　　执行"绘图"/"图案填充"命令，或者在"绘图"工具栏上单击"图案填充"按钮，打开"图案填充和渐变色"对话框，如图 4-40 所示。

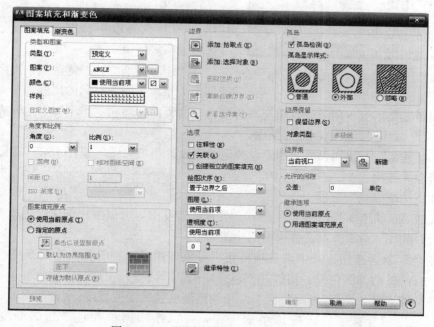

图 4-40　"图案填充和渐变色"对话框

　　（1）使用"图案填充"选项卡。

　　使用"图案填充和渐变色"对话框中的"图案填充"选项卡，可以快速设置图案填充，各选项的含义和功能如下：

1）"类型"下拉列表框：设置填充的图案类型，包括"预定义"、"用户定义"和"自定义"三个选项。其中，选择"预定义"选项，可以使用 AutoCAD 2013 提供的图案；选择"用户定义"选项，需要用户临时定义图案，该图案由一组平行线或者相互垂直的两组平行线组成。选择"自定义"选项，可以使用用户已经定义好的图案。

2）"图案"下拉列表框：当在"类型"下拉列表框中选择"预定义"选项时，该下拉列表框才能使用，并且该下拉列表框主要用于设置填充的图案。单击右侧的按钮，打开"填充图案选项板"对话框，用户可选择所需的图案，如图 4-41 所示。

3）"样例"预览窗口：显示当前选中的图案样例。

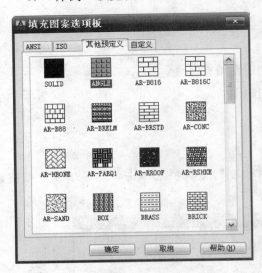

图 4-41 "填充图案选项板"对话框

4）"自定义图案"下拉列表框：当填充的图案采用"自定义"类型时，该选项才能使用。用户可以在下拉列表框中选择图案，也可以单击相应的按钮，从打开的对话框中进行选择。

5）"角度"下拉列表框：设置填充的图案旋转角度，每种图案在定义时的旋转角度都为零。

6）"比例"下拉列表框：用于设置图案填充时的比例值，每种图案在定义时的初始比例为1，用户可以根据需要放大或者缩小。如果在"类型"下拉列表框中选择"用户定义"选项，该选项就不能使用。

7）"相对图纸空间"复选框：决定该比例因子是否为相对于图纸空间的比例。

8）"间距"文本框：用于设置填充平行线之间的距离，当在"类型"下拉列表框中选择"用户自定义"选项时，该选项才能使用。

9）"ISO 笔宽"下拉列表框：用于设置笔的宽度，当填充图案采用 ISO（国际标准）图案时，该选项才能用。

（2）使用"渐变色"选项卡。

在中文版 AutoCAD 2013 中，使用"渐变色"选项卡，可以采用创建单色或双色渐变色来填充图形，如图 4-42 所示。各选项的功能如下。

1）"单色"单选按钮：选中该单选按钮，可以使用由一种颜色产生的渐变色来填充图形。此时，双击其后的颜色框，将打开"选择颜色"对话框，在该对话框中可选择所需要的渐变色，并能够通过"渐深/渐浅"滑块，来调整渐变色的渐变程度。

2）"双色"单选按钮：选中该单选按钮，可以使用两种颜色产生的渐变色来填充图形。

3）"渐变图案"预览窗口：显示了当前设置的渐变色效果。

4）"居中"复选框：选中该复选框，所创建的渐变色为均匀渐变。

5）"角度"下拉列表框：用于设置渐变色的角度。

3. 特别提示

在填充区域内的对象称为孤岛，如封闭的图形、文字串的外框等。它影响了填充图案时的内部边界，因此以对孤岛的处理方式不同而形成了三种填充方式。

（1）普通孤岛检测：填充从最外面边界开始往里填充，在交替的区域间填充图案。这样在由外往里，每奇数个区域被填充，而偶数个区域不填充。

（2）外部孤岛检测：填充从最外面边界开始往里进行，遇到第一个内部边界后就停止填充，仅仅对最外边区域进行图案填充。

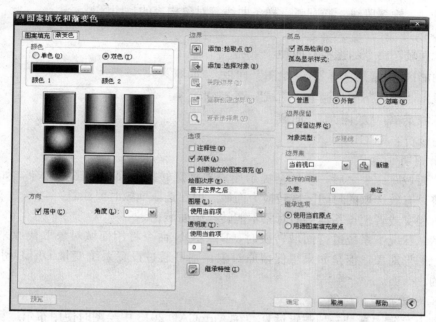

图 4-42　"图案填充和渐变色"对话框的"渐变色"选项卡

（3）忽略孤岛检测：只要最外的边界组成了一个闭合的多边形，AutoCAD 2013 将忽略所有的内部对象，对最外端边界所围成的全部区域进行图案填充。

4. 应用示例

下面以图 4-43 所示图形为例，说明执行图案填充的步骤。图 4-43（a）比例为 1，图 4-43（b）比例为 0.1，图 4-43（c）比例为 0.05。

操作步骤如下：

（1）点取"图案填充"按钮，屏幕弹出"图案填充和渐变色"对话框。

（2）单击"类型"右侧的下拉框中，选择"预定义"。

（3）单击"图案"右侧按钮，选择"BRICK"填充图案。

（4）在"比例"框内分别输入 1、0.1 和 0.05。

（5）点取"拾取对象"按钮，此时命令行提示：

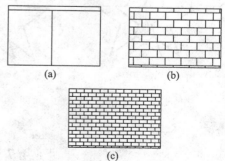

图 4-43　不同比例填充图案效果
（a）比例=1；（b）=0.1；（c）=0.05

选择内部点：

（6）在图形最外轮廓线内部单击鼠标左键，此时图线以高亮显示。

（7）按回车键，结束填充区域的选择。

（8）按"确定"按钮，完成图案填充。

4.6.3　面域

在中文版 AutoCAD 2013 中，可以将由某些二维实体对象围成的封闭区域转换为面域，这些封闭区域可以是圆、椭圆、封闭的二维多段线或者封闭的样条曲线等对象，也可以是由圆弧、直线、二维多段线、椭圆弧、样条曲线等对象构成的封闭区域。

1. 命令调用

执行"面域"命令的途径有四种：

（1）功能区："常用"标签/"绘图"面板/"面域"。

（2）单击"绘图"工具栏上"面域" 按钮。

（3）下拉菜单："绘图"/"面域"。

（4）命令行：REGION↙

2. 操作说明

执行"面域"命令之后，系统会提示用户选择想转换为面域的图形对象，如果选取有效，系统将该有效选取的封闭区域转换为面域。但在选取面域时要注意：

（1）自相交或者端点不连接的对象不能转换为面域。

（2）默认状况下系统进行面域转换时，REGION 命令将用面域对象取代原来的图形对象并删除原图形对象。但是如果想保留原对象，则可通过设置系统变量 DELOBJ 为零来达到这一目的。

3. 对面域进行布尔运算

在数学上布尔运算是一种逻辑运算。在 AutoCAD 2013 中绘图时使用布尔运算，特别是绘制比较复杂的图形时，可以提高绘图效率。布尔运算的对象只包括实体和共面的面域，对于普通的线条图形对象，不能使用布尔运算。

在 AutoCAD 2013 中，可以对面域执行"并集"、"差集"及"交集"三种布尔运算，各种运算效果如图 4-44 所示。

　　　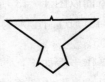

原始面域　　　　　　面域的并集运算　　　　　面域的差集运算　　　　面域的交集运算

图 4-44　各种布尔运算效果

4.7　上　机　练　习

1. 绘制如图 4-45 所示的相切圆。

2. 绘制如图 4 - 46 所示的楼梯平面图。

3. 绘制如图 4 - 47 所示的椅子平面图。

4. 绘制如图 4 - 48 所示的课桌立面图。

5. 绘制如图 4 - 49 所示吊钩。

6. 绘制如图 4 - 50 所示的梁配筋图（钢筋线宽取 0.30mm）。

7. 绘制如图 4 - 51 所示的圆柱详图。

8. 绘制如图 4 - 52 所示的条形基础详图。

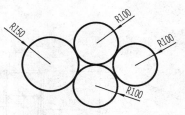

图 4 - 45　绘制相切圆

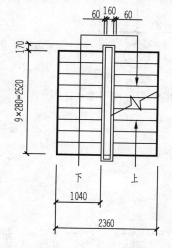

图 4 - 46　楼梯平面图

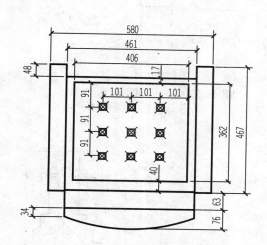

图 4 - 47　椅子平面图

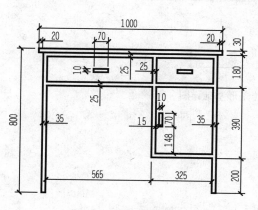

图 4 - 48　课桌立面图

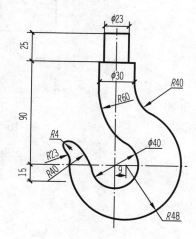

图 4 - 49　吊钩

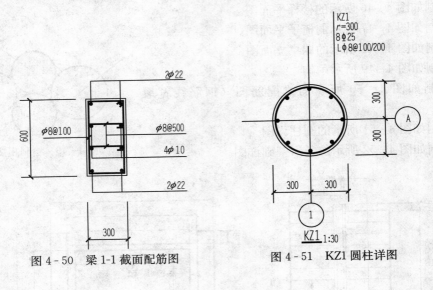

图 4-50　梁 1-1 截面配筋图　　　　　图 4-51　KZ1 圆柱详图

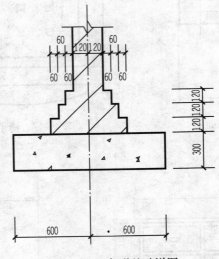

图 4-52　条形基础详图

第5章　编　辑　图　形

教学要点

★　复制、移动与旋转对象
★　镜像、阵列与偏移对象
★　修剪、延伸与缩放对象
★　对图形对象倒角和修圆角

在 AutoCAD 2013 中使用绘图命令或绘图工具可以创建出基本形体，要实现对复杂形体的绘制，就必须借助于图形编辑命令。AutoCAD 2013 提供了强大的图形编辑功能，用户可利用"修改"工具栏、"修改"菜单、"修改"面板中的命令以及命令行窗口输入的"修改"命令编辑图形，从而简化了绘图操作，极大地提高绘图的工作效率。

AutoCAD 2013 的编辑工具或命令，可分为三大类：一是对图形的复制，命令有复制、镜像、偏移和阵列等；二是改变图形对象的位置和大小，操作命令有移动、缩放、旋转、合并、拉长、拉伸和延伸到边界等；三是对图形的擦除，操作命令有删除、修剪、打断、倒角和圆角等。

常用的图形编辑命令如图 5-1 所示"修改"工具栏上列出的"修改"命令，用户也可以通过选择"修改"菜单或"修改"面板中相应的命令来对图形进行编辑和修改，如图 5-2、图 5-3 所示。

图 5-1　"修改"工具栏

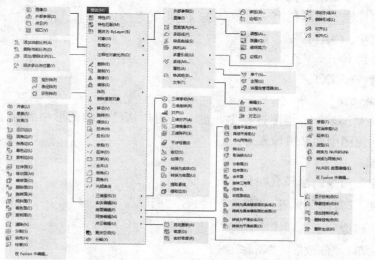

图 5-2　"修改"菜单

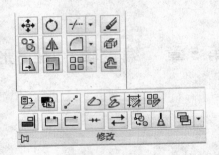

图 5-3　"修改"面板

5.1　放弃、重做与删除

5.1.1　放弃

在 AutoCAD 2013 中用户在进行编辑、绘图过程中，难免操作有误，或者对操作结果不满意，都可以执行取消操作。连续输入 U 并回车，就可以连续取消前面的操作。

命令调用

执行"放弃"命令的途径有四种：

(1) 单击"标准"工具栏上"放弃" 🔙 按钮。

(2) 下拉菜单："编辑" / "放弃"。

(3) 按组合键 Ctrl+Z。

(4) 命令行：UNDO 或 U ↙

5.1.2　重做

系统可以帮助用户恢复原有的操作，"重做"命令就是恢复刚刚取消的操作。

命令调用

执行"重做"命令的途径有四种：

(1) 单击"标准"工具栏上"重做" 🔜 按钮。

(2) 下拉菜单："编辑" / "重做"。

(3) 按组合键 Ctrl+Y。

(4) 命令行：REDO ↙

5.1.3　删除

在使用 AutoCAD 2013 绘图过程中，也可以用户从已有的图形中删除不需要的图形对象，其中还包括视图中的杂散像素等。

1. 命令调用

执行"删除"命令的途径有四种：

(1) 功能区："常用"标签/"修改"面板/"删除"。 ✏️

(2) 单击"修改"工具栏上"删除" ✏️ 按钮。

(3) 下拉菜单："修改" / "删除"。

(4) 命令行：ERASE 或 E ↙

2．操作说明

选择"删除"命令后，屏幕上的十字光标将变为一个拾取框，要求用户选择要删除的对象，然后按回车键或者空格键结束对象选择，选择的对象即被删除，如图 5-4 所示。按照"先选择实体，再调用命令"的顺序也可将物体删除。删除物体最快的办法是：先选择对象，然后按 Delete 键。

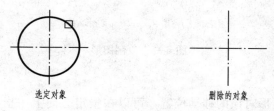

选定对象   删除的对象

图 5-4　删除对象

5.2　复制、移动和旋转

5.2.1　复制

"复制"命令指的是对图中已有的对象进行复制。在使用复制对象命令时，可以保持原有图形对象不变，将选定的图形对象复制到图中的其他位置，这样，可以减少重复绘制相同图形的工作量。

1．命令调用

执行"复制"命令的途径有四种：

（1）功能区："常用"标签／"修改"面板／"复制"。

（2）单击"修改"工具栏上"复制"　按钮。

（3）下拉菜单："修改"／"复制"。

（4）命令行：COPY 或 CO、CP✓

2．应用示例

（1）命令：COPY✓

（2）选择对象：绘图区选择需要复制的对象。

（3）选择对象：✓完成对象选择。

（4）指定基点或［位移（D）］＜位移＞：在绘图区拾取或输入坐标确认复制对象的基点。

（5）指定第二个点或 ＜使用第一个点作为位移＞：在绘图区拾取或输入坐标确定位移点。

（6）指定第二个点或［退出（E）／放弃（U）］＜退出＞：对图形对象进行多次复制。

（7）指定第二个点或［退出（E）／放弃（U）］＜退出＞：✓完成复制。

完成后的图形如图 5-5 所示。

3．特别提示

用户还可以使用右键快捷菜单来执行复制命令，或者在夹点模式下创建多个复制对象。

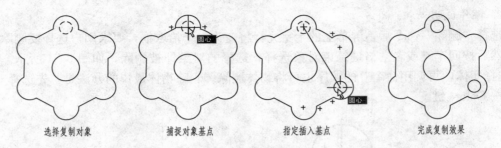

选择复制对象　　　　　捕捉对象基点　　　　　指定插入基点　　　　　完成复制效果

图 5-5　复制图形

5.2.2　移动

"移动"命令是给图形对象的移动位置，可以在指定方向上按指定距离移动对象，对象的位置发生了改变，但方向和大小不改变。要移动对象，首先要选择移动的对象，然后指定位移的基点和位移矢量。

1. 命令调用

执行"移动"命令的途径有四种：

(1) 功能区："常用"标签/"修改"面板/"移动"。✥

(2) 单击"修改"工具栏上"移动"✥按钮。

(3) 下拉菜单："修改"/"移动"。

(4) 命令行：MOVE 或 M↙

2. 操作说明

(1) 用户先选择要移动的对象，然后指定位移的基点和位移矢量。在命令行"指定基点或位移："的提示下，通过单击鼠标左键或者以键盘输入形式给出基点坐标，命令行将显示"指定第二点或＜用第一点作位移＞："的提示；如果按回车键，那么所给出的基点坐标值就被作为偏移量，也就是将该点作为原点（0，0），然后将图形相对于该点移动由基点设定的偏移量。

(2) 使用夹点进行移动。当对所操作的图形对象选取基点后，按空格键以切换到"移动"模式。

3. 应用示例

下面以图 5-6 为例说明移动的操作。

操作步骤如下：

(1) 命令：MOVE↙

(2) 选择对象：找到 1 个，在绘图窗口中选中图形。

(3) 选择对象：↙结束选择。

(4) 指定基点或［位移（D）］＜位移＞：利用对象捕捉，捕捉圆心。

(5) 指定第二个点或 ＜使用第一个点作为位移＞：捕捉第二条直线的中点。

移动前后的情况如图 5-6 (a)、图 5-6 (b) 所示。

5.2.3　旋转

"旋转"命令可以将选定的对象绕指定的基点进行旋转，可供用户选择的转角方式有复制旋转和参照方式旋转对象。

1. 命令调用

执行"旋转"命令的途径有四种：

（1）功能区："常用"标签／"修改"面板／"旋转"。

（2）单击"修改"工具栏上"旋转" 按钮。

（3）下拉菜单："修改"／"旋转"。

（4）命令行：ROTATE 或 RO

2. 操作说明

选择要旋转的对象，也可以同时选择多个对

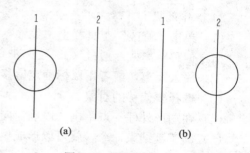

图 5 - 6　使用移动命令

（a）移动前；（b）移动后

象，指定旋转的基点，此时命令行将显示"指定旋转角度［参照（R）："的提示信息。如果直接输入角度值，则可以让对象绕基点转动此角度。角度为正数时，逆时针旋转；角度为负数时，顺时针旋转。如果选择"参照（R）"选项，这时将以参照方式旋转对象，需要依次指定参照方向的角度值和相对于参照方向的新角度值。

3. 应用示例

下面以图 5 - 7（a）为例说明旋转的操作。

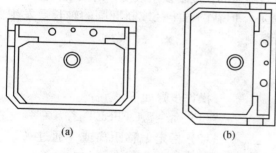

（a）　　　　　（b）

图 5 - 7　将图形旋转 270°

操作步骤如下：

（1）命令：ROTATE

UCS 当前的正角方向：ANGDIR＝逆时针 ANGBASE＝0

（2）选择对象：找到 1 个，选中所有需要旋转的对象后，按回车键结束选择。

（3）指定基点：捕捉右下角点。

（4）指定旋转角度或［复制（C）／参照（R）］＜30＞：270 输入旋转角度 270°。

旋转后的结果如图 5 - 7（b）所示。

5.3　偏移、镜像和阵列☆

5.3.1　偏移

"偏移"命令可以根据指定距离或通过点，创建一个与原有图形对象平行或具有同心结构的形体。可以偏移的对象有直线、构造线、射线、二维多段线、圆、圆弧、椭圆、椭圆弧和平面样条曲线等。在实际绘图过程中，该命令常用于创建平行线、同心圆和平行曲线等。

1. 命令调用

执行"偏移"命令的途径有四种：

（1）功能区："常用"标签："修改"面板／"偏移"。

（2）单击"修改"工具栏上"偏移" 按钮。

（3）下拉菜单："修改"／"偏移"。

（4）命令行：OFFSET 或 O

2. 操作说明

(1) 单击"修改"工具栏上"偏移"按钮，系统提示：

指定偏移距离或［通过（T）］：<1.0000>：

(2) 输入距离，或者用鼠标确定偏移距离。

(3) 选择要偏移的对象。

(4) 在图形外任一点单击，以确定向外偏移。

(5) 回车键结束命令，就可以形成偏移结果。

3. 特别提示

(1) 如果指定偏移距离，选择要偏移复制的对象，然后指定偏移方向，就可以复制出对象。

(2) 如果在命令行输入 T，再选择要偏移复制的对象，然后指定一个通过点，这时复制出的对象将经过通过点。

(3) 在使用偏移命令过程中，只能以直接拾取方式选择对象。通过指定偏移距离的方式来复制对象时，距离值必须大于 0。

(4) 使用偏移命令复制对象时，复制结果不一定与原对象相同。例如，对圆弧作偏移后新圆弧与旧圆弧同心且具有同样的包含角，但新圆弧的长度要发生改变；对圆或椭圆作偏移后，新圆、新椭圆与旧圆、旧椭圆有同样的圆心，但新圆的半径或新椭圆的轴长要发生变化，对直线段、构造线、射线作偏移，是平行复制。

4. 应用示例

下面以图 5-8 为例说明偏移的操作。

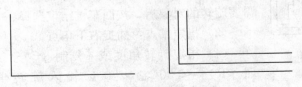

图 5-8　偏移复制多段线

操作步骤如下：

(1) 命令：OFFSET ↙

(2) 指定偏移距离或［通过（T）］：<1.0000>：100 ↙

(3) 选择要偏移的对象或<退出>：选择图中的多段线。

(4) 指定点以确定偏移所在一侧：在多段线内部单击。

(5) 选择要偏移的对象或<退出>：选择图中的多段线。

(6) 指定点以确定偏移所在一侧：在多段线外部单击。

(7) 选择要偏移的对象或<退出>：↙结束命令。

5.3.2　镜像

在绘图过程中，当绘制的图形对象相对于某一对称轴对称时，可将绘制的图形对象按给定的对称轴做反像复制，称为镜像。镜像是将选定的对象沿一条指定的直线对称复制，复制完成后既可以删除源对象，也可以保留源对象。镜像操作最适用于对称图形，只需要绘制半个对象进行镜像，使绘图很方便、快捷，是常用的一种编辑方法。

1. 命令调用

执行"镜像"命令的途径有四种：

(1) 功能区："常用"标签/"修改"面板/"镜像"。⚐

(2) 单击"修改"工具栏上"镜像"⚐按钮。

（3）下拉菜单："修改" / "镜像"。

（4）命令行：MIRROR 或 MI ↙

2. 操作说明

（1）镜像与复制的区别在于，镜像是把图形对象反像复制，镜像适用于对称图形。

（2）镜像线由两点确定，可以是已有的直线，也可以直接指定两点的连线。

3. 应用示例

下面以图 5-9 为例说明镜像的操作。

操作步骤如下：

（1）命令：MIRROR ↙

（2）选择对象：找到 1 个，在绘图窗口选择三角形。

（3）选择对象：↙结束选择。

（4）指定镜像的第一点：在绘图窗口中指定 A 点。

（5）指定镜像的第二点：在绘图窗口中指定 B 点。

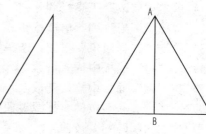

图 5-9 使用镜像命令

（6）要删除源对象吗？［是（Y）/ 否（N）］＜N＞：↙保留原图形。

5.3.3 阵列

"阵列"命令是按矩形或环形形式一次复制多个对象，创建一个阵列。对于矩形阵列，可以控制行、列的数量及它们间的距离。对于环形阵列，可以控制复制对象的数目和是否旋转对象。

1. 命令调用

执行"阵列"命令的途径有四种：

（1）功能区："常用"标签/"修改"面板/"阵列"。▦

（2）单击"修改"工具栏上"阵列" ▦ 按钮。

（3）下拉菜单："修改" / "阵列"。

（4）命令行：ARRAY 或 AR ↙

2. 创建矩形阵列

"矩形阵列"是指将选定的对象进行多重复制后沿 X 轴和 Y 轴方向进行排列，即所说的沿行和列进行排列的阵列方式，创建的对象将按用户定义的行数和列数进行排列。

（1）操作说明。

1）命令行：ARRAY 或 AR ↙

2）选择对象：选择要阵列的对象。

3）类型＝矩形　关联＝否。

选择夹点以编辑阵列或［关联（AS）/基点（B）/计数（COU）/间距（S）/列数（COL）/行数（R）/层数（L）/退出（X）］＜推出＞：↙

功能区将出现"阵列创建"选项卡，如图 5-10 所示。

（2）应用示例。

以图 5-11 所示的图形为例，说明创建矩形阵列的步骤。

图 5-10　"阵列创建"选项卡

绘图步骤如下：

1）单击"修改"工具栏"阵列"按钮。

2）选择"矩形阵列"单选按钮。

3）单击"选择对象"按钮，选择要阵列的对象为左下角窗。

4）在"行"面板中输入行数 3，输入行间距为 2000mm。

5）在"列"面板中输入列数 5，输入列间距为 2400mm。

6）选择"关联"按钮，把源对象与阵列对象关联为一体。

7）按"关闭阵列"按钮。

结果如图 5-12 所示。

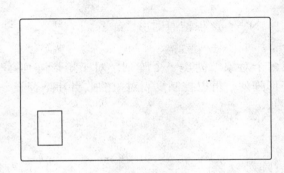

图 5-11　阵列对象

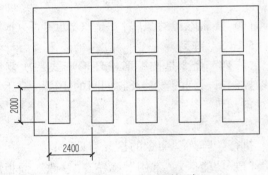

图 5-12　三行五列矩阵

3. 创建环形阵列

"环形阵列"是指围绕给定的圆心或者一个基点来复制选定的对象并在其周围做圆周排列或呈一定角度的扇形排列。

（1）操作说明。

1）单击"修改"工具栏"阵列"按钮。

2）选择"环形阵列"单选按钮。

3）选择对象：选择要进行环形阵列的对象。

4）类型＝极轴　关联＝是。

5）指定阵列的中心点或 [基点（B）/旋转轴（A）]：指定环形阵列中心点，选择圆心。

6）选择夹点以编辑阵列或 [关联（AS）/基点（B）/项目（I）/项目间角度（A）/填充角度（F）/行（ROW）/层（L）/旋转项目（ROT）/退出（X）] ＜退出＞：

7）功能区将出现"阵列创建"选项卡，如图 5-13 所示。

8）在"项目"面板中输入项目数，按下 Enter 键。

9）选择"关联"按钮。

图 5 - 13 "阵列创建"选项卡

10）按"关闭阵列"按钮。

"项目数"面板用于输入对象的数目，与矩形阵列一样，其中包括了复制的对象本身。"填充"面板用于输入填充角度，在填充角度内才能复制对象。填充角度用于确定对象如何沿圆周进行分布，在默认状态时，对象沿整个圆周分布即为 360°，也可以输入小于 360°的角。"项目间角度"文本框用于输入两个对象之间相隔的角度。只有在不指定复制数目时，或是指定的复制角度为 0°时，才需要指定对象之间的角度间隔。

（2）应用示例。

以图 5 - 14 为例介绍创建环形阵列图形。

绘图步骤如下：

1）单击"修改"工具栏上"阵列"按钮。

2）单击"环形阵列"单选按钮。

3）单击"选择对象"按钮，选择图 5 - 14 （a）所示的小圆。

4）指定阵列的中心点（大圆的中心）。

5）在"项目"面板中输入环形阵列项目总数 8，其中包含原对象。

6）在"项目"面板中输入环形阵列要填充的角度，使用默认值 360°。

7）选择"关联"按钮。

8）按"关闭阵列"按钮，就可以形成路径阵列。

结果如图 5 - 14 （b）所示。

4. 路径阵列图形

按照指定的路径为基准进行图像阵列。可以沿全路径或者部分路径平均分布对象副本。路径可以为直线、多段线、样条曲线、圆、圆弧、椭圆等。

（1）操作说明。

1）单击"修改"工具栏"阵列"按钮。

2）选择"路径阵列"单选按钮。

3）选择对象：选择要进行路径阵列的对象。

4）类型＝极轴　关联＝是。

选择夹点以编辑阵列或 [关联(AS)/基点(B)/项目(I)/项目间角度(A)/填充角度(F)/行(ROW)/层(L)/旋转项目(ROT)/退出(X)]＜退出＞:

5）选择路径曲线：选择要阵列的路径曲线。

6）功能区将出现"阵列创建"选项卡。

7）在"项目"面板中输入阵列对象之间的距离，在"介于"文本框输入距离。

8）选择"关联"按钮。

(a)　　　　　　　(b)

图 5 - 14　环形阵列

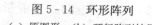
(a) 原图形；(b) 环行阵列结果

9）按"关闭阵列"按钮，就可以形成环形阵列。

（2）应用示例。

1）单击"修改"工具栏"阵列"按钮。

2）选择"路径阵列"单选按钮。

3）选择对象：选择要进行路径阵列的对象，如图 5-15 所示。

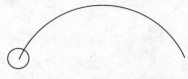

4）类型=极轴　关联=是。

选择夹点以编辑阵列或［关联（AS）/基点（B）/项目（I）/项目间角度（A）/填充角度（F）/行（ROW）/层（L）/旋转项目（ROT）/退出（X）]＜退出＞:

图 5-15　选择要进行路径阵列
的对象以及路径曲线

5）选择路径曲线：选择要阵列的路径曲线，如图 5-15 所示。

6）功能区将出现"阵列创建"选项卡。

7）在"项目"面板中输入阵列对象之间的距离，在"介于"文本框输入 1800，如图 5-16 所示。

图 5-16　"阵列创建"选项卡

8）选择"关联"按钮。

9）按"关闭阵列"按钮，就可以形成路径阵列。

结果如图 5-17 所示。

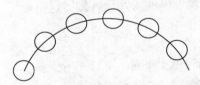

图 5-17　路径阵列结果

5.4　缩放、拉伸和拉长

5.4.1　缩放

"缩放"命令是指将选择的图形对象按比例均匀地放大或缩小。可以通过指定基点和长度或输入比例因子来缩放对象。也可以为图形对象指定当前长度和新长度。输入比例因子大于 1 时对象放大，输入介于 0~1 之间的比例因子时对象缩小。

1. 命令调用

执行"缩放"命令的途径有四种：

（1）功能区："常用"标签/"修改"面板/"缩放"。

（2）单击"修改"工具栏上"缩放"按钮。

（3）下拉菜单：“修改”／“缩放”。

（4）命令行 SCALE 或 SC↙

2. 操作说明

操作步骤如下：

（1）单击“修改”工具栏上“缩放”按钮。

（2）选择要缩放的对象。

（3）指定基点。

（4）输入比例因子，即可将对象按比例放大或缩小。

3. 应用示例

下面以图 5-18 为例说明缩放的操作。

操作步骤如下：

（1）命令：SCALE↙

（2）选择对象：找到 1 个。

（3）选择对象：↙结束选择。

（4）指定基点：选择五角星左下角。

（5）指定比例因子［复制（C）参照（R）］＜1.0000＞：

0.5↙

缩放前后的情况如图 5-18（a）、图 5-18（b）所示。

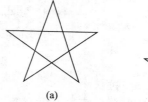

(a)　　　　　　(b)

图 5-18　按比例缩放的效果
(a) 原图形；(b) 缩放结果

5.4.2　拉伸

“拉伸图形”命令可以拉伸图形对象中选定的部分，没有选定的部分保持不变。在使用“拉伸图形”命令时，图形选择窗口外的部分不会有任何改变；图形选择窗口内的部分会随图形选择窗口的移动而移动，但也不会有形状的改变，只有与图形选择窗口相交的部分会被拉伸。

1. 命令调用

执行“拉伸”命令的途径有四种：

（1）功能区：“常用”标签／“修改”面板／“拉伸”。

（2）单击“修改”工具栏中“拉伸”按钮。

（3）下拉菜单：“修改”／“拉伸”。

（4）命令行 STRETCH 或 S↙

2. 操作说明

对于直线、圆弧、多段线、多边形等对象，若其所有部分都在选择窗口内，那么它们将会被移动，如果它们只有一部分在选择窗口内，会遵循以下拉伸规则：

（1）直线：位于窗口外的端点不动，位于窗口内的端点移动。

（2）圆弧：与直线类似，但在圆弧改变的过程中，圆弧的弦高保持不变，同时由此来调整圆心的位置和圆弧起始角、终止角的值。

（3）多段线：与直线或圆弧相似，而多段线两端的宽度、切线方向、曲线拟合信息均不改变。

（4）多边形：位于窗口外的角点不动，位于窗口内的角点移动。

3. 应用举例

以图 5-19 为例，说明拉伸的操作步骤：

(1) 命令：STRETCH ✓

(2) 选择对象：指定对角点。要使用交叉窗口选择要拉伸的对象。

(3) 选择对象：✓ 完成对象选择。

(4) 指定基点或［位移（D）］＜位移＞：输入绝对坐标或者在绘图区拾取点作为基点。

(5) 指定第二个点或 ＜使用第一个点作为位移＞：输入相对或绝对坐标或者拾取点确定第二点拉伸的过程和结果如图 5-19 所示。

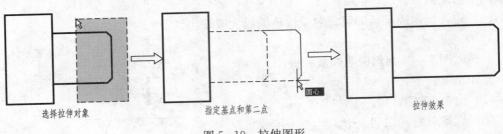

选择拉伸对象　　　　指定基点和第二点　　　　拉伸效果

图 5-19　拉伸图形

5.4.3　拉长

"拉长"命令不仅可以改变直线、圆弧、多段线、椭圆弧和样条曲线的长度，还可以改变圆弧的角度。

1. 命令调用

执行"拉长"命令的途径有两种：

(1) 下拉菜单："修改" / "拉长"。

(2) 命令行：LENGTHEN 或 LEN ✓

2. 操作说明

选择下拉菜单："修改" / "拉长"命令，系统提示为：

选择对象或［增量（DE）/百分数（P）/全部（T）/动态（DY）］：

在默认情况下，用户选择对象后，系统会显示出当前选中对象的长度、包含角等信息。

其他选项的功能如下：

(1) 选择"增量（DE）"选项：以增量方式修改圆弧的长度。此时可以直接输入长度增量来拉长直线或者圆弧，长度增量为正值时拉长，长度增量为负值时缩短。也可以输入 A，通过指定圆弧的包含角增量来修改圆弧的长度。

(2) 选择"百分数（P）"选项：以相对于原长度的百分比来修改直线或者圆弧的长度。

(3) 选择"全部（T）"选项：以给定直线新的总长度或圆弧的新包含角来改变长度。

(4) 选择"动态（DY）"选项：允许用户动态地改变圆弧或者直线的长度。

3. 应用示例

用"增量"方式拉长一条水平直线。

(1) 命令：LENGTHEN ✓

(2) 选择对象或［增量（DE）/百分数（P）/全部（T）/动态（DY）］：选择直线。

当前长度：230 ✓

(3) 选择对象或［增量（DE）/百分数（P）/全部（T）/动态（DY）］：DE ✓ 输入DE，按回车键，表示选择"增量"方式。

（4）输入长度增量或［角度（A）］<10.0000>：50 ✓ 输入增加的长度为 50 ✓

（5）选择要修改的对象或［放弃（U）］：在需要拉长端的直线上单击，就可以在该端处拉长直线，完成操作后按回车键。

效果如图 5 - 20 所示。

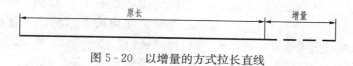

图 5 - 20 以增量的方式拉长直线

5.5 修 剪 和 延 伸

5.5.1 修剪

"修剪"命令可以修剪直线、射线、圆、圆弧、椭圆、椭圆弧、二维或三维多段线、构造线及样条曲线等图形对象。有效的边界包括直线、射线、圆、圆弧、椭圆、椭圆弧、二维或三维多段线、构造线和填充区域等。

1. 命令调用

执行"修剪"命令的途径有四种：

（1）功能区："常用"标签/"修改"面板/"修剪"。

（2）单击"修改"工具栏中"修剪"按钮。

（3）下拉菜单"修改"/"修剪"。

（4）命令行：TRIM 或 TR ✓

2. 操作说明

以图 5 - 21（a）为例说明修剪过程。操作如下：

（1）命令：TRIM ✓

（2）选择对象或<全部选择>：找到 1 个。

（3）选择对象：按回车键结束选择。

（4）选择要修剪的对象，按住 Shift 键选择要延伸的对象，或［栏选（F）/窗交（C）/投影（P）/边（E）/删除（R）/放弃（U）］：选择矩形内的半圆。

"延伸"命令的使用方法和"修剪"命令的使用方法相似，延伸命令可以将选定的对象延伸至指定的边界上，修剪命令可以将选定的对象在指定边界一侧的部分剪切掉。

绘制结果如图 5 - 21（b）所示。

5.5.2 延伸

"延伸"命令可以将所选的直线、射线、画弧、椭圆弧、非封闭的二维或三维多段线延伸到指定直线、射线、圆弧、椭圆弧、圆、椭圆、二维或三维多段线、构造线和区域等的上面。

1. 命令调用

执行"延伸"命令的途径有四种：

（1）功能区："常用"标签/"修改"面板/"修剪"。

（2）"修改"工具栏"延伸"按钮。

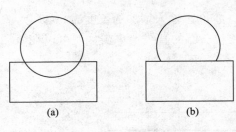

图 5-21 使用修剪命令

(a) 原图形；(b) 修剪结果

（3）下拉菜单："修改" / "延伸"。

（4）命令行：EXTEND 或 EX↙

2．操作说明

使用延伸命令时，如果按下"Shift"键同时选择对象，则执行"修剪"命令。使用"修剪"命令时，如果按下"Shift"键同时选择对象，则执行"延伸"命令。

3．应用示例

下面以图 5-22（a）为例，说明延伸操作的步骤。

（1）命令：EXTEND↙

当前设置：投影＝UCS，边＝无。

选择边界的边…

（2）选择对象：找到 1 个，选择右侧的垂直直线段。

（3）选择对象：按回车键结束选择。

（4）选择要延伸的对象，按住 Shift 键选择要修剪的对象，或［投影（P）/边（E）/放弃（U）］：

选择上面一条横向直线段。

（5）选择要延伸的对象，按住 Shift 键选择要修剪的对象，或［投影（P）/边（E）/放弃（U）］：

选择下面另一条横向直线段。

（6）选择要延伸的对象，按住 Shift 键选择要修剪的对象，或［投影（P）/边（E）/放弃（U）］：

按回车键结束命令。延伸前后的情况如图 5-22（b）所示。

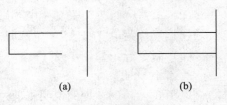

图 5-22 使用延伸命令

(a) 原图形；(b) 延伸后

5.6 合并、打断和分解

5.6.1 合并

将单独的多个图形对象合并为一个图形对象。

1．命令调用

执行"合并"命令的途径有四种：

（1）功能区："常用"标签/"修改"面板/"合并"。

（2）单击"修改"工具栏上的"合并"按钮。

（3）下拉菜单："修改" / "合并"。

（4）命令行：JOIN↙

2．操作说明

执行 JOIN 命令，系统提示：

选择源对象：选择一条直线、多段线、圆弧、椭圆弧或样条曲线。

此时可以执行某一选项，然后选择对应的对象进行合并。

3. 应用示例

下面以图 5-23 为例，说明合并操作的步骤。

命令：JOIN↙

选择源对象：

选择圆弧，以合并到源或进行 [闭合 (L)]：

选择要合并到源的圆弧：找到 1 个。

已将 1 个圆弧合并到源。

4. 特别提示

（1）直线：直线对象之间必须共线，但是它们之间可以有间隙。

（2）多段线：选择要合并到源对象的对象：选择一个或多个对象并按回车键；对象可以是直线、段线或圆弧。对象之间可以有间隙，但必须位于与 UCS 的 XY 平面平行的同一平面上。

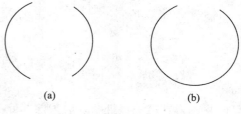

图 5-23　使用合并命令

(a) 原图形；(b) 合并结果

（3）圆弧：圆弧对象必须位于同一个假想的圆上，但是它们之间可以有间隙。合并两条或多条圆弧时，将从源对象开始逆时针方向合并圆弧。

（4）椭圆弧：椭圆弧必须位于同一椭圆上，但是它们之间可以有间隙。"闭合"选项可将源椭圆弧合成完整的椭圆。合并两条或多条椭圆弧时，将从源对象开始逆时针方向合并椭圆弧。

（5）样条曲线：样条曲线对象必须位于同一平面内，并且必须首尾相临。结果对象是单个样条曲线。

（6）螺旋：螺旋对象必须相接（端点对端点）。

5.6.2　打断

"打断"命令用于打断所选的对象，即把所选的对象分成两部分，或删除图形对象上的某一部分。该命令作用于直线、射线、圆、圆弧、椭圆、椭圆弧、二维或三维多段线和构造线等。

1. 命令调用

执行"打断"命令的途径有四种：

（1）功能区："常用"标签/"修改"面板/"打断"。

（2）单击"修改"工具栏上"打断" 按钮。

（3）下拉菜单："修改" / "打断"。

（4）命令行：BREAK 或 BR↙

2. 操作说明

打断图形对象时，需要选择两个断点。可以选择图形对象上一处作为第一个断点，然后指定第二个断点，也可以先选择整个图形对象然后再指定两个断点。

如果只想将图形对象在某点处打断，就可以直接单击"修改"工具栏上的"打断于一点"按钮。打断主要用于删除断点之间的部分，而某些删除操作是不能由"擦除"和"剪切"命令完成的,可以采用打断操作进行删除。

　3. 应用示例

下面以图 5-24 为例,说明打断对象步骤。

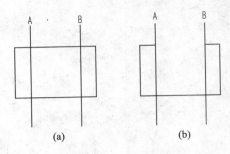

图 5-24　使用打断命令
(a) 原图形；(b) 打断结果

　(1) 单击"修改"工具栏上的"打断"按钮。

　(2) 选择对象:选择矩形。

指定第二个打断点 [第一点 (F)]:F↙通过指定两点打断图形。

指定第一个打断点:指定点 A。

指定第二个打断点:指定点 B。

如果删除的线段需要特别准确,可以用捕捉来确定两个断点。

5.6.3　打断于点

在"修改"工具栏上单击"打断于点" 按钮,可以将图形在某一点处断开成为两部分,"打断于点"命令是从"打断"命令中派生出来的。

执行"打断于点"命令时,只需要选择需要被打断的图形对象,然后指定打断点,就可以从该点打断图形对象。

5.6.4　分解

"分解"命令是把一个图形对象分解为多个单一的图形对象,以便对单个图形对象进行编辑。主要是用于对整体图形、图块、文字、尺寸标注等对象的分解。

　1. 命令调用

执行"分解"命令的途径有四种:

(1) 功能区:"常用"标签/"修改"面板/"分解"。

(2) 单击"修改"工具栏上"分解" 按钮。

(3) 下拉菜单:"修改"/"分解"。

(4) 命令行:EXPLODE 或 X↙

　2. 操作说明

执行"分解"命令,系统提示选择要分解的对象,选定对象后按回车键图形对象即被分解。

5.7　倒角和圆角

在绘制图形过程中,常常会遇到修圆角和倒角。AutoCAD 2013 提供了"圆角"命令和"倒角"命令分别完成这两类操作。倒角命令和圆角命令是用选定的方式,通过已经确定了的直线段或圆弧来连接两条直线、圆、圆弧、椭圆、椭圆弧、多段线、构造线以及样条曲线等。

5.7.1　倒角

"倒角"命令是通过延伸或修剪使两个非平行的直线类图形对象相交或利用斜线连接。可以对由直线、多段线、构造线和射线等构成的图形对象进行倒角。

1. 命令调用

执行"倒角"命令的途径有四种：

（1）功能区："常用"标签/"修改"面板/"倒角"。⬚

（2）单击"修改"工具栏上"倒角"⬚按钮。

（3）下拉菜单："修改"/"倒角"。

（4）命令行 CHAMFER 或 CHA ⤶

2. 操作说明

（1）单击"修改"工具栏上"倒角"按钮，此时系统提示：

选择第一条直线或［放弃（U）/多段线（P）/距离（D）/角度（A）/修剪（T）/方式（E）多个（M）］：D ⤶

指定第一个倒角距离<0.0000>：输入距离

指定第二个倒角距离<0.0000>：输入距离

（2）按回车键重新进入"修剪"命令状态。

3. 应用示例

如图 5-25 所示，绘制倒角矩形。

命令：CHAMFER ⤶

（"修剪"模式）当前倒角距离 1＝0.0000，距离 2＝0.0000

选择第一条直线或［放弃（U）/多段线（P）/距离（D）/角度（A）/修剪（T）/方式（E）/多个（M）］：D ⤶

指定第一个倒角距离 <0.0000>：30 ⤶

指定第二个倒角距离 <30.0000>：30 ⤶

选择第一条直线或［放弃（U）/多段线（P）/距离（D）/角度（A）/修剪（T）/方式（E）/多个（M）］：

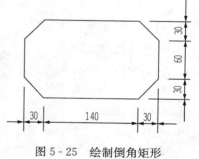

图 5-25　绘制倒角矩形

选择第二条直线，或按住 Shift 键选择要应用角点的直线。

命令：CHAMFER ⤶

（"修剪"模式）当前倒角距离 1＝30.0000，距离 2＝30.0000

选择第一条直线或［放弃（U）/多段线（P）/距离（D）/角度（A）/修剪（T）/方式（E）/多个（M）］：

选择第二条直线，或按住 Shift 键选择要应用角点的直线。

重复该过程倒矩形的另两个角。

5.7.2　圆角

"圆角"命令是通过一个指定半径的圆弧光滑连接两个对象，给它们加圆角。可以进行修圆角的对象有直线、多段线的直线段、样条曲线、构造线、射线、圆、圆弧和椭圆。直线、构造线和射线在相互平行时也可修圆角，圆角半径由系统自动计算。

1. 命令调用

执行"修圆角"命令的途径有四种：

（1）功能区："常用"标签/"修改"面板/"圆角"。⬚

（2）单击"修改"工具栏上"圆角"⬚按钮。

（3）下拉菜单"修改" / "圆角"。

（4）命令行：FILLET 或 F↙

2．操作说明

（1）单击"修改"工具栏上的"圆角"按钮，此时系统提示：

选择第一个对象或［放弃（U）/多段线（P）/半径（R）/修剪（T）/多个（M）]：

（2）输入 R（半径），按回车键，输入圆角半径。

（3）按回车键重新进入"修剪"命令状态。

3．应用示例

如图 5 - 26 所示，绘制圆角的矩形。

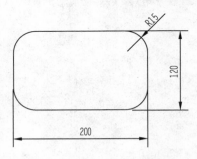

图 5 - 26　绘制圆角的矩形

命令：FILLET↙

当前设置：模式＝修剪，半径＝0.0000

选择第一个对象或[放弃(U)/多段线(P)/半径(R)/修剪(T)/多个(M)]：R↙

指定圆角半径 ＜0.0000＞：15↙

选择第一个对象或[放弃(U)/多段线(P)/半径(R)/修剪(T)/多个(M)]：选择一条线段。

选择第二个对象，或按住 Shift 键选择要应用角点的对象：选择另一条线段。

命令：FILLET↙

当前设置：模式＝修剪，半径＝15.0000

选择第一个对象或［放弃（U）/多段线（P）/半径（R）/修剪（T）/多个（M）]：

选择一条线段。

选择第二个对象，或按住 Shift 键选择要应用角点的对象：选择另一条线段。

重复该过程修矩形的另两个圆角。

5.8　编 辑 对 象 特 性

在 AutoCAD 2013 中，用户除可以使用以上的方法编辑图形以外，还可以使用"特性"选项板编辑对象特性。对象的一般特性包括对象的颜色、线型、图层及线宽等，几何特性包括对象的尺寸和位置。用户可以直接在"特性"选项板中设置和修改对象的这些特性。

使用"特性"选项板时，"特性"选项板中显示了当前选择集中对象的所有特性和特性值，当选定多个对象时，将显示它们的共有特性。用户可以轻松修改单个对象的特性以及多个选择对象的共同特性。

5.8.1　特性修改

"特性"命令可用于控制现有图形对象的特性。

1．命令调用

执行"特性修改"命令的途径有六种：

（1）功能区："视图"选项卡 / "选项板"面板 / "特性"。▣

（2）单击"标准"工具栏中"特性"▣按钮。

（3）下拉菜单："工具"／"选项板"／"特性"。

（4）下拉菜单："修改"／"特性"。

（5）快捷菜单：选择要查看或修改其特性的对象，在绘图区域中单击鼠标右键，然后单击"特性"。

（6）命令行：PROPERTIES✓

2．操作说明

选择"特性"命令，系统可以打开"特性"选项板，如图 5-27 所示。使用它可以浏览、修改对象的特性，也可以通过浏览、修改满足应用程序接口标准的第三方应用程序对象。

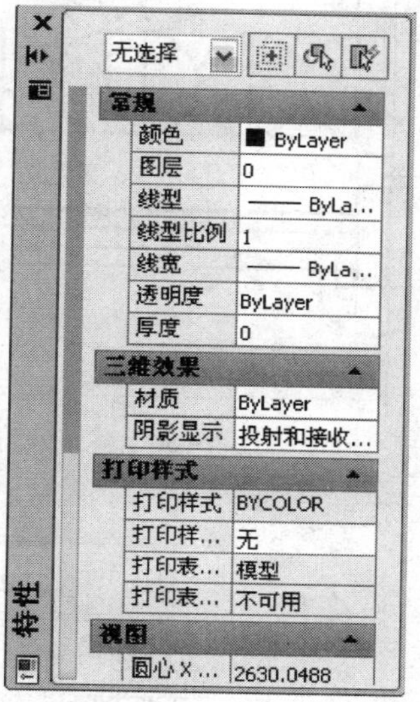

5.8.2 特性匹配

"特性匹配"命令用于将选定对象的特性从一个对象应用到另一个对象或其他更多的对象。

1．命令调用

执行"特性匹配"命令的途径有四种：

（1）功能区："常用"标签／"特性"面板／"特性匹配"。

（2）单击"标准"工具栏上"特性"按钮。

（3）下拉菜单："修改"／"特性匹配"。

（4）命令行：MATCHPROP✓

2．操作说明

执行 MATCHPROP 命令后，命令行提示：

图 5-27   "特性"选项板

选择源对象：选择一个特性要被复制的对象。

选择目标对象或［设置（S）］：拾取目标对象，把源对象的指定特性复制给目标对象。

选择目标对象或［设置（S）］：选择结束后，按回车键。

5.9 上 机 练 习

1．绘制如图 5-28 所示的窗格花。

2．绘制如图 5-29 所示的楼梯台阶。

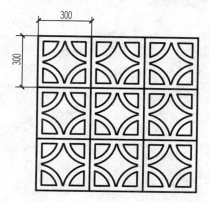

图 5-28   窗格花

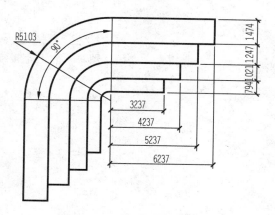

图 5-29   楼梯台阶

3. 绘制如图 5 - 30 所示的建筑装饰图案。

4. 绘制如图 5 - 31 所示的独立基础配筋图。

5. 绘制如图 5 - 32 所示住宅楼建筑立面图

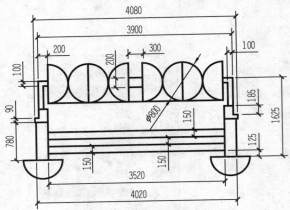

图 5 - 30   建筑装饰图案

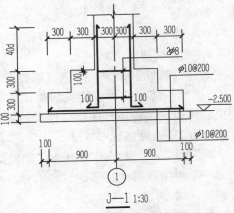

图 5 - 31   J—1 独立基础配筋图

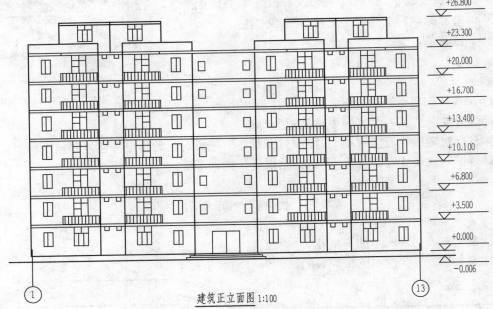

建筑正立面图 1:100

图 5 - 32   住宅楼建筑立面图

第6章 创建文字与表格

教学要点

★ 创建文字样式
★ 修改文字样式
★ 创建单行文字
★ 创建多行文字
★ 编辑文字
★ 创建表格样式
★ 创建表格

文字是非常重要的图形元素，也是工程制图中不可缺少的组成部分。在一个完整的建筑施工图中，通常都包含一些文字注释来标注施工图中的一些非图形信息。例如技术要求、材料说明、施工要求、标题栏和材料明细表等。中文版 AutoCAD 2013 提供了很强的文字输入和编辑功能，以及快速的绘制表格功能。

中文版 AutoCAD 2013 提供了两种汉字输入方法，分别是单行文字和多行文字。当输入文字数量比较少时使用单行文字，当输入的文字数量大、行数多时使用多行文字。中文版 AutoCAD 2013 默认的文字样式的样式名是 STANDARD，字体文件是 txt. shx。

当输入文字时，AutoCAD 2013 会显示当前样式的默认设置。可以使用或者修改默认样式，也可以创建新样式。

6.1 创建文字样式

在中文版 AutoCAD 2013 中，所有文字都有与之相关联的文字样式。在创建文字注释和尺寸标注时，通常使用当前的文字样式。用户也可以根据具体要求重新设置文字样式或者创建新样式。文字样式包括文字"字体"、"字型"、"高度"、"宽度因子"、"倾斜角度"、"反向显示"、"倒置显示"以及"垂直"等参数。

1. 命令调用

创建文字样式的途径有四种：

（1）功能区："常用"标签/"注释"面板/"文字样式"。

（2）单击"样式"工具栏中"文字样式"按钮。

（3）下拉菜单："格式"/"文字样式"。

（4）命令行：STYLE 或 ST✓

2. 操作说明

在创建新文字样式时，打开"文字样式"对话框来设置和预览文字样式。新文字样式将延续当前文字样式的高度、宽度因子、倾斜角度、反向显示、倒置和垂直对齐等特性。

具体操作步骤如下：

（1）执行下拉菜单："格式"/"文字样式"命令后打开"文字样式"对话框，如图 6-1
所示。

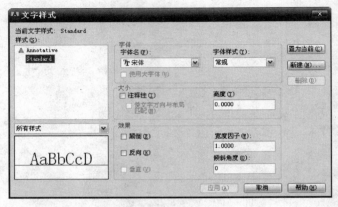

图 6-1   "文字样式"对话框

（2）在"文字样式"对话框中用鼠标左键单击"新建"按钮，打开"新建文字样式"对
话框，如图 6-2 所示。

图 6-2   "新建文字样式"
对话框

（3）在"新建文字样式"对话框中输入新文字样式名
称，按下"确定"按钮。

（4）在"文字样式"对话框的"字体"栏内，取消
"使用大字体"，单击"字体名"下拉列表框，选定"宋
体"。

（5）在"文字样式"对话框的"大小"栏内设置字体
的高度。常用字体是 5 号字、7 号字，其对应高度是 5mm、7mm。

（6）在"效果"区内设置字体的特性。在"宽度因子"一栏中填写 0.7，设置结果会随
时显示在预览区内。

（7）按下"应用"按钮，保存新设置的文字样式。

（8）按下"关闭"按钮，完成新样式的设置，如图 6-3 所示。

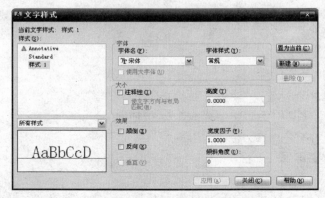

图 6-3   "样式 1"设置结果

6.2　修改文字样式

用户可以通过"文字样式"对话框对已设置的文字样式进行修改。修改现有样式的字体或者方向，使用该样式的所有文字将会随之改变并重新生成。而修改文字的高度、宽度比例和倾斜角度不会改变现有的文字，但会改变随后输入的文字。

修改文字样式的步骤如下：

（1）选择下拉菜单："格式"/"文字样式"命令，打开"文字样式"对话框。

（2）在"样式"栏内的列表框中选择一个要修改的文字样式名称。

（3）在"字体"、"大小"或"效果"栏内修改任意选项。在预览区内可以直接观察到文字样式的修改结果，如图 6-4 所示。

（4）按下"应用"按钮就可以保存新的设置，当前样式会自动更新图形中的文字。

（5）按下"关闭"按钮。

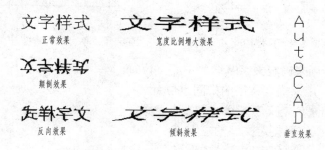

图 6-4　文字的各种效果

6.3　创　建　文　字

输入文字的数量比较少时可以使用单行文字，输入文字的数量比较多时可以使用多行文字。

6.3.1　创建单行文字

该命令用来在图中输入一行或多行文字。每行文字是一个单独的对象，用户可以对其进行重新定位、调整或进行其他修改。

1. 命令调用

（1）功能区："常用"标签/"注释"面板/"单行文字"。Ａ

（2）下拉菜单："绘图"/"文字"/"单行文字"。

（3）命令行：DTEXT、TEXT 或 DT↙

2. 操作说明

输入命令后，命令行提示：

当前文字样式：STANDARD↙指定文字样式。

当前文字高度：2.5000↙指定文字高度。

指定文字的起点或［对正（J）/样式（S）］：指定文字输入的起点。

此时，也可输入 J 或 S 后按回车键，选择对正（J）或样式（S）。

对正（J）选项用来确定文字的对正方式，执行该选项后，系统提示：

输入选项：[对齐（A）/调整（F）/中心（C）/中间（M）/右（R）/左上（TL）/中上（TC）/右上（TR）/左中（ML）/正中（MC）/右中（MR）/左下（BL）/中下（BC）/右下（BR）]：

其中各选项的含义如下：

（1）对齐（A）：通过指定文字基线的起点和终点来指定文字的高度和方向。字符的大小根据其高度按比例调整，文字字符串越长，字符越矮，如图 6-5 所示。

（2）调整（F）：用来确定文字基线的起点和终点。中文版 AutoCAD 2013 在保证原指定的文字高度情况下，自动调整文字的宽度以适应指定两点之间均匀分布，其字符串越长，字符宽度越小，字符的高度保持不变，如图 6-6 所示。

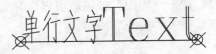

图 6-5 单行文字命令中的"对齐"选项   图 6-6 单行文字命令中的"调整"选项

（3）中心（C）：用来确定文字基线的中心点位置。

（4）中间（M）：用来确定文字的中间点位置。

（5）右（R）：用来确定文字基线的右端点位置。

（6）左上（TL）：需要指定文字的左上点。

（7）中上（TC）：需要指定文字的中上点。

（8）右上（TR）：需要指定文字的右上点。

（9）左中（ML）：需要指定文字的左中点。

（10）正中（MC）：需要指定文字的正中点。

（11）右中（MR）：需要指定文字的右中点。

（12）左下（BL）：需要指定文字的左下点。

（13）中下（BC）：需要指定文字的中下点。

（14）右下（BR）：需要指定文字的右下点。

可以结合图 6-7 来理解和使用。

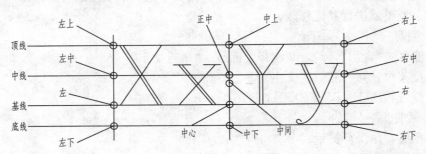

图 6-7 文字的对正方式

样式（S）：选项用来设置定义过的文字样式，在命令行输入当前图形中的一个已经定义的文字样式名，并将其作为当前文字样式。

当命令行要求指定文字的旋转角时，确定旋转角之后，就可以输入文字，按"Esc"键退出"单行文字"命令。

6.3.2 创建多行文字

在建筑工程图中输入文字常用多行文字命令。多行文字由任意数目的单行文字或者段落组成。无论文字有多少行，每段文字构成一个图形元素，可以对其进行移动、旋转、删除、复制、镜像、拉伸或缩放等编辑操作。多行文字有更多编辑功能，可用下划线、字体、颜色和文字高度来修改段落。在建筑制图中，多行文字常用来创建比较复杂的设计说明。

1. 命令调用

（1）功能区："常用"标签/"注释"面板/"多行文字"。A

（2）单击"绘图"工具栏中"多行文字"A 按钮。

（3）下拉菜单："绘图"/"文字"/"多行文字"。

（4）命令行：MTEXT 或 T↙

2. 操作说明

选择"多行文字"命令后，命令行提示："指定对角点或［高度（H）/对正（J）/行距（L）/旋转（R）/样式（S）/宽度（W）/栏（C）]"，共有 7 个选项。

其中各选项的含义如下：

（1）高度（H）：确定标注文字框的高度。用户可以在屏幕上拾取一点，该点与第一角点的距离就是文字的高度，或者在命令行中直接输入高度值。

（2）对正（J）：确定文字的排列方式。

（3）行距（L）：多行文字制定行与行之间的间距。

（4）旋转（R）：确定文字倾斜角度。

（5）样式（S）：确定文字字体样式。

（6）宽度（W）：确定标注文字框的宽度。

（7）栏（C）：确定文字输入栏的类型及栏宽、栏高和栏间距。

设置好以上选项后，系统提示"指定对角点"，该选项用来确定标注文字框的另一个对角点，中文版系统将会在这两个对角点形成的矩形区域中进行文字标注，矩形区域的宽度就是所要标注文字的宽度。

3. "多行文字编辑器"简介

当指定了对角点之后，打开如图 6-8 所示的多行文字编辑器，编辑框的大小由对角点的距离决定。用户可以在编辑框中输入需要插入的文字，可以选择字体，修改文字的大小、字体、颜色等格式，完成一般的文字编辑。

多行文字编辑器中有制表位和缩进，可以很便捷地创建段落，也可以相对于文字边框进行文字缩进，制表位、缩进的运用与使用 Microsoft Word 相类似。

4. "文字格式"对话框简介

在文字编辑框的上方还有一个"文字格式"工具栏，如图 6-9 所示。在此对话框中的各项用来控制文字字符格式，其选项从左到右依次为"字体名"、"字体"、"字高"、"粗体"、

"斜体"、"删除线"、"下划线"、"上划线"、"撤销"、"重做"、"堆叠/非堆叠"、"颜色"及
"标尺"。

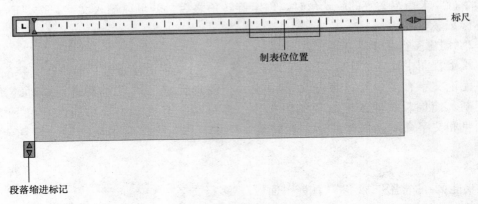

图 6-8 多行文字编辑器

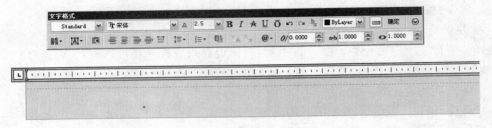

图 6-9 "文字格式"对话框

其中各选项的操作如下：

（1）"字体名"：当前文字样式的名字。

（2）"字体"：这是一个下拉列表框，可以从中选择一种文字字体作为当前文字的字体，
当前文字就是选择的文字或者选项后要输入的文字。

（3）"字高"：这是一个文字编辑框，也是一个下拉列表框，为当前文字的高度。可以在
此输入或者选择一个高度值作为当前文字的高度。

（4）"粗体"：使当前文字变成粗体字。

（5）"斜体"：使当前文字变成斜体字。

（6）"删除线"：使当前文字加上一条删除线。

（7）"下划线"：使当前文字加上一条下划线。

（8）"上划线"：使当前文字加上一条上划线。

（9）"撤销/重做"：撤销和恢复最近一次编辑操作。

（10）"堆叠/非堆叠"：将含有"/"符号的字符串文字以该符号为界，变成分式形式表
示；可将含有"∧"符号的字符串文字以该符号为界，变成上下两部分，中间没有横线。堆
叠的方法是先选中要堆叠的文字，后单击堆叠按钮。如果选中已堆叠的文字后单击此按钮，
则文本恢复到非堆叠的形式。

（11）"颜色"：这是一个下拉列表框，用来设置当前文字的颜色。

（12）"标尺"：显示或者隐藏标尺。

设置完成后，按下"确定"按钮，多行文字创建结束。

用户可以在编辑框中单击鼠标右键，打开如图 6-10 所示的快捷菜单，在该菜单中选择相应的命令同样可以对文字各参数进行相应的设置。选择"符号"命令之后，打开如图 6-11 所示"符号"级联菜单，选择各种特殊符号的输入方法，如果没有所需的特殊符号，还可以在级联菜单中选择"其他"命令，打开如图 6-12 所示的"字符映射表"对话框。在该对话框中选择需要的特殊符号。

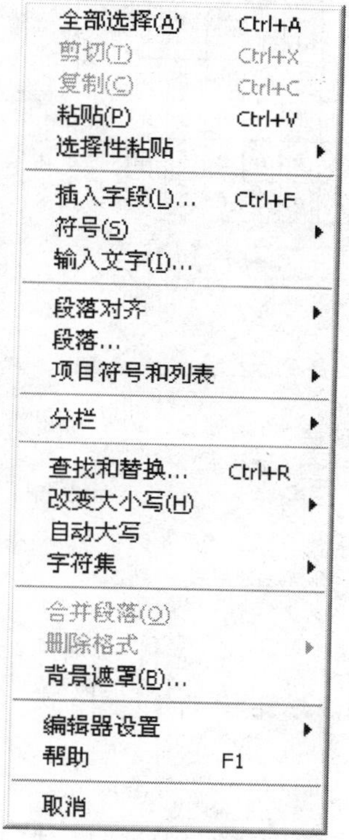

全部选择(A)	Ctrl+A
剪切(T)	Ctrl+X
复制(C)	Ctrl+C
粘贴(P)	Ctrl+V
选择性粘贴	▶
插入字段(L)...	Ctrl+F
符号(S)	▶
输入文字(I)...	
段落对齐	▶
段落...	
项目符号和列表	▶
分栏	▶
查找和替换...	Ctrl+R
改变大小写(H)	▶
自动大写	
字符集	▶
合并段落(O)	
删除格式	▶
背景遮罩(B)...	
编辑器设置	▶
帮助	F1
取消	

图 6-10　快捷菜单

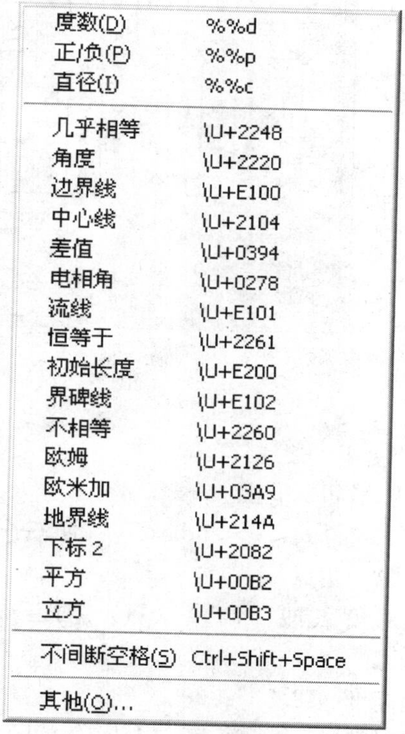

度数(D)	%%d
正/负(P)	%%p
直径(I)	%%c
几乎相等	\U+2248
角度	\U+2220
边界线	\U+E100
中心线	\U+2104
差值	\U+0394
电相角	\U+0278
流线	\U+E101
恒等于	\U+2261
初始长度	\U+E200
界碑线	\U+E102
不相等	\U+2260
欧姆	\U+2126
欧米加	\U+03A9
地界线	\U+214A
下标 2	\U+2082
平方	\U+00B2
立方	\U+00B3
不间断空格(S)	Ctrl+Shift+Space
其他(O)...	

图 6-11　"符号"级联菜单

5.控制符及特殊字符

在实际绘图过程中，往往需要标注一些特殊的字符。例如，在文字下方添加下划线、标注度"°"、"±"、"ϕ"等符号。这些特殊字符是不能从键盘上直接输入，因而 AutoCAD 2013 提供了相应的控制符来满足这些标注要求，控制符是两个百分号"%%"。

以下是常用的控制符：

（1）%%O：打开或关闭文字上划线。

（2）%%U：打开或关闭文字下划线。

（3）%%D：标注"度"符号"°"。

（4）%%P：标注"正负公差"符号"±"。

（5）%%%：标注百分号%。

（6）%%C：标注直径符号"ϕ"。

采用命令行输入方式：

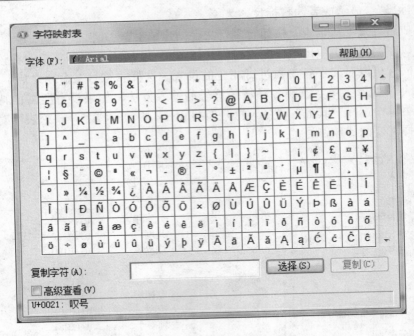

图 6-12   "字符映射表" 对话框

示例 1：标注控制符。

命令：MTEXT ✓

当前文字样式："Standard" 当前文字高度：2.5 ✓

指定第一角点：

指定对角点或 [高度（H）/对正（J）/行距（L）/旋转（R）/样式（S）/宽度（W）]：H ✓

指定高度 <2.5>：20 ✓

指定对角点或 [高度（H）/对正（J）/行距（L）/旋转（R）/样式（S）/宽度（W）]：

MTEXT：45％％D

MTEXT：120％％D

MTEXT：％％P25

MTEXT：％％C50

MTEXT：％％C40

MTEXT：％％％80

MTEXT：％％C60％％P0.02

MTEXT：✓

结果如下：

45°

120°

±25

ϕ50

ϕ40

80%

ϕ60±0.02

6.4　编　辑　文　字

6.4.1　修改文字内容和特性

1. 修改文字内容

（1）命令调用。

1）单击"文字"工具栏上的"编辑文字" A 按钮。

2）下拉菜单："修改"/"对象"/"文字"/"编辑"。

3）命令行：DDEDIT 或 ED✓

（2）操作说明。

命令行：DDEDIT，按回车键。系统提示：

选择注释对象或［放弃（U）］：

选择需要编辑的文字。标注文字时使用的标注方法不同，选择文字后系统给出的响应也不相同。如果所选择的文字是用 DTEXT 命令标注的，选择文字对象后，AutoCAD 2013 会在该文字四周显示出一个方框，此时可以直接修改相应的文字。

如果在"选择注释对象或［放弃（U）］："提示下选择的文字是用 MTEXT 命令标注的，中文版 AutoCAD 2013 会弹出在位文字编辑器，并在该对话框中显示出所选择的文字，供用户编辑、修改。

在绘图窗口中直接双击文字对象，系统也会切换到对应的编辑模式，可以供用户编辑、修改文字。

2. 修改文字的特性

用"修改特性"命令修改编辑文字。可以修改各绘图实体的特性，也可以用来修改文字特性。即可以修改文字的颜色、图层、线型、内容、高度、旋转角、对正模式、文字样式等。

（1）命令调用。

1）单击"标准"工具栏中"对象特性" 按钮。

2）下拉菜单："修改"/"特性"。

3）命令行：PROPERTIES✓

（2）操作说明。

1）输入命令之后，AutoCAD 2013 打开"实体特性管理器"对话框，如图 6 - 13 所示。在该对话框，选择要修改的文字。如果选择一个实体。"实体特性管理器"对话框中会列出该实体的详细特性供用户修改；如果选择多个实体，"实体特性管理器"对话框中会列出这些实体的共有特性供用户修改。修改的具体方法是：如果修改所选文字的字高、旋转角、宽度因子和倾斜角等数值类的特性，应该单击该行，激活该行文字区，删除掉原值，输入一个新值就可以修改。

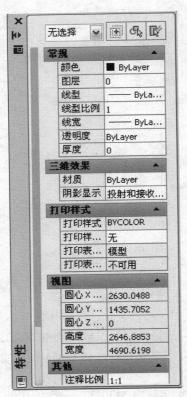

图 6-13 "实体特性管理器"
对话框

2）修改所选文字的颜色、图层、线型、样式、对齐方式等特性，应该单击该行，选定后会立即显示下拉列表框按钮，单击该按钮打开"图层"下拉列表框。选取其中所需要图层选项就可以修改。

3）修改完一处后，应该按一次"Esc"键退出对该实体的修改，再选择另一实体按照以上的步骤进行修改，直至全部修改结束。

4）全部修改结束之后，单击"实体特性管理器"对话框左上角的关闭按钮，关闭对话框。

6.4.2　控制文本的显示方式

为了节省用户绘制图形操作的时间，系统提供了控制文本显示方式的功能。

操作如下：输入 QTEXT 命令，系统提示：

输入模式／［开（ON）／关（OFF）］＜关＞：

选项"关（OFF）"为系统默认，执行该选项，文本正常显示。如果执行选项"开（ON）"，再选择下拉菜单："视图"／"重生成"命令后，图形中的所有文本和属性都以矩形框代替。文本的这种方式称为"快速文字"模式。矩形框的大小反映文本行的长度、字高及其位置。当需要对文本和属性进行编辑，或者需要将图形输出时，需要重复执行 QTEXT 命令，使其处于"关（OFF）"状态，再执行下拉菜单："视图"／"重生成"命令。

6.5　创　建　表　格

在中文版 AutoCAD 2013 中，用户可以使用创建表命令生成数据表格，从而取代了先前利用绘制线段和文本来创建表格的方法。

6.5.1　创建表格样式

用户不仅可以直接使用默认的格式制作表格，在默认情况下创建的是一个空表格，还可以根据自己的需要自定义表格。

1. 命令调用

创建表格样式的途径有四种：

（1）功能区："常用"标签／"注释"面板／"表格样式"。

（2）单击"样式"工具栏中"表格样式"按钮。

（3）下拉菜单："格式"／"表格样式"

（4）命令行：TABLESTYLE✓

2. 操作说明

（1）选择"格式"／"表格样式"命令，打开如图 6-14 所示的"表格样式"对话框。"表格样式"列表框中列出了满足条件的表格样式；"预览"图片框中显示出表格的预览

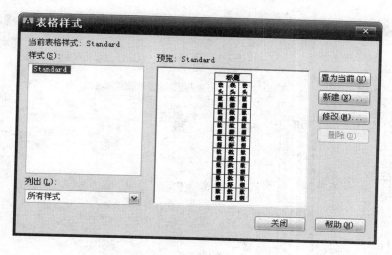

图 6-14 "表格样式"对话框

图像，"置为当前"和"删除"按钮分别用来把在"样式"列表框中选中的表格样式置为当前样式、删除选中的表格样式；"新建"、"修改"按钮分别用来新建表格样式、修改已有的表格样式。此对话框用来选择表格样式，设置表格的有关参数。其中，"表格样式"选项用来选择所使用的表格样式。"插入选项"选项组用来确定如何为表格填写数据。预览框用来预览表格的样式。"插入方式"选项组设置将表格插入到图形时的插入方式。"列和行设置"选项组则用来设置表格中的行数、列数以及行高和列宽。"设置单元样式"选项组分别设置第一行、第二行和其他行的单元样式。

通过"插入表格"对话框确定表格数据后，单击"确定"按钮，而后根据提示确定表格的位置，就可以将表格插入到图形，且插入后系统出现"文字格式"工具栏，并将表格中的第一个单元格醒目显示，此时就可以向表格输入文字。

（2）在对话框中单击"新建"按钮，打开如图 6-15 所示的"创建新的表样式"对话框，在对话框的"新样式名"文本框中输入样式名称。

（3）单击"继续"按钮，将打开"新建表格样式"对话框的"常规"选项卡，如图 6-16 所示。

图 6-15 "创建新的表样式"对话框

（4）分别对"新建表格样式"对话框的"数据"、"列标题"和"标题"选项，"常规"、"文字"、"边框"选项卡进行相应的参数设置。

（5）表格样式设置完毕后，单击"确定"按钮，返回到"表格样式"对话框。此时在对话框的"样式"列表框中将显示创建好的表格样式。

（6）单击"关闭"按钮关闭该对话框。

6.5.2 创建表格

使用绘制表功能，用户可以绘制表格的大小。表格的样式可以是默认的表格样式或自定义的表格样式。

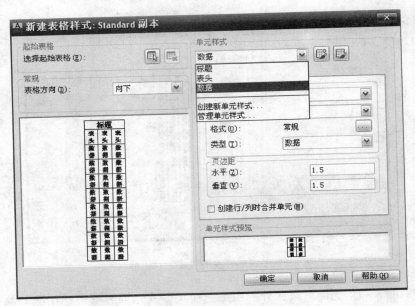

图 6 - 16　"新建表样式"对话框

1. 命令调用

创建表格命令的途径有四种：

(1) 功能区："常用"标签／"注释"面板／"表格"。⊞

(2) 单击"绘图"工具栏中"表格"⊞按钮。

(3) 下拉菜单："绘图"／"表格"。

(4) 命令行：TABLE↙

2. 操作说明

单击"绘图"／"表格"命令，打开"插入表格"对话框，如图 6 - 17 所示。在对话框中用户可以设置表格的样式、列宽、行高，以及表格的插入方式等。

"插入表格"对话框中的各选项功能如下：

(1) "表格样式"下拉列表框：用来选择系统提供的，或者用户已经创建好的表格样式单击其后的按钮，可以在打开的对话框中对所选表格样式进行修改。

(2) "指定插入点"单选按钮：选择该选项，可以在绘图窗口中的某点插入固定大小的表格。

(3) "指定窗口"单选按钮：选择该选项，可以在绘图窗口中通过拖动表格边框来创建任意大小的表格。

(4) "列和行设置"选项组：通过改变"列数"、"列宽"、"数据行数"和"行高"文本框。

在"插入表格"对话框中进行相应的设置后，单击"确定"按钮，系统在指定的插入点或窗口自动插入一个空表格，并显示编辑器，用户可以逐行逐列输入相应的文字或数据，如图 6 - 18 所示。

6.5.3　表格文字编辑

可以用以下三种方法进行文字编辑。

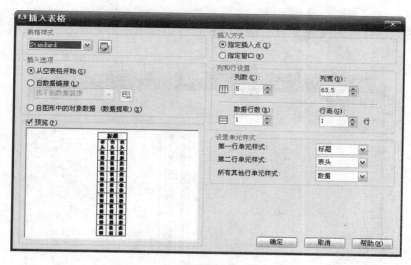

图 6-17　"插入表格"对话框

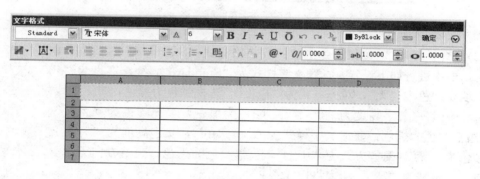

图 6-18　编辑器

（1）选定表格中的一个或多个单元之后，单击鼠标右键，在出现的快捷菜单中选择"编辑文字"命令。

（2）在表格单元内双击。

（3）在命令行窗口输入"TABLEDIT"命令。

执行以上操作后，系统打开多行文字编辑器，用户可以对指定表格单元的文字进行编辑。

示例 2：绘制如图 6-19 所示的门窗表。

门窗表						
序号	名称编号	洞口尺寸		数量	采用图集		备注
		宽	高		图集号	型号	
1	M1	1000	2100	20	98ZJ681	GJM301-1021	
2	M2	800	2100	20	98ZJ681	GJM301-0821	
3	C1	2000	2100	20	详建施10-C1	塑钢推拉90系列白色玻璃	窗台高为900mm
4	C2	600	1500	20	详建施10-C2	塑钢推拉90系列白色玻璃	窗台高为1500mm

图 6-19　门窗表

绘制步骤：

（1）设置表格样式。执行 TABLESTYLE 命令，弹出"表格样式"对话框，如图 6-20 所示。

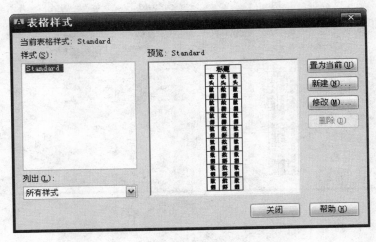

图 6-20　"表格样式"对话框

（2）单击"修改"按钮，弹出"修改表格样式：Standard"对话框，如图 6-21 所示。在该对话框中进行如下设置，标题文字样式为"Standard"，文字高度为"10"，文字颜色为黑色，填充颜色为"无"，对齐方式为"中上"，边框颜色为黑色，带下划线；表头文字样式为"Standard"，文字高度为"5"，文字颜色为黑色，填充颜色为"无"，对齐方式为"中上"，边框颜色为黑色；数据文字样式为"Standard"，文字高度为"5"，文字颜色为黑色，填充颜色为"无"，对齐方式为"中上"，边框颜色为黑色；表格方向为"下"，水平单元和垂直单元边距都为"1.5"的表格样式。

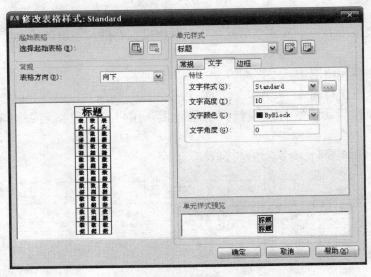

图 6-21　"修改表格样式"对话框

（3）设置好文字样式后，单击"确定"按钮。

（4）创建表格。执行 TABLE 命令，弹出"插入表格"对话框，按如图 6 - 22 所示进行设置，单击"确定"按钮之后，在绘图窗口拾取插入点，插入如图 6 - 23 所示的空表格，并显示多行文字编辑器。不输入文字，直接按回车键。

（5）单击第一行单元格，在出现夹点时，左右移动夹点，使列宽满足要求，并根据需要合并单元格，如图 6 - 24 所示。

（6）双击要输入文字的单元，重新打开多行文字编辑器，在各单元中输入相应的文字或数据。

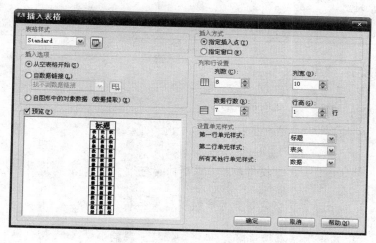

图 6 - 22　"插入表格"对话框

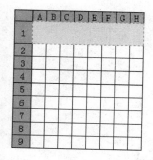

图 6 - 23　插入空表格

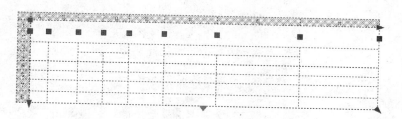

图 6 - 24　移动夹点改变列宽与合并单元格

6.6　上　机　练　习

1. 绘制表 6 - 1 门窗表。

表 6 - 1　　　　　　　　　　　　　门　窗　表

类别	型号	尺寸	数量			说明
			一层	二层	总数	
门	M1	800×2100	1		1	实木门
	M2	900×2400	1	2	3	实木门
	M3	1200×2400	2	1	3	实木门
窗	N1	900×1500	1	3	4	铝合金窗
	N2	1200×1600	1		1	铝合金窗
	N3	1500×1600	3	3	6	铝合金窗

2. 标注下列文字。

说明：

1. 本图为现浇钢筋混凝土框架的梁柱节点构造图，适用于地震区抗震等级为一级的框架结构。

2. 本图为基本构造图，提供定位尺寸和最小要求，凡施工图有要求的均须按施工图施工。

3. 标注下列文字。

附注：

1. 构件编号见建筑图。

2. 混凝土采用C25。

3. 混凝土保护层厚度：板15mm，梁25mm。

4. 未注明的分布筋为Φ6@200。

5. 配合建筑专业预埋扶手预埋件。

4. 绘制图 6 - 25 所示的某住宅楼剖面图。

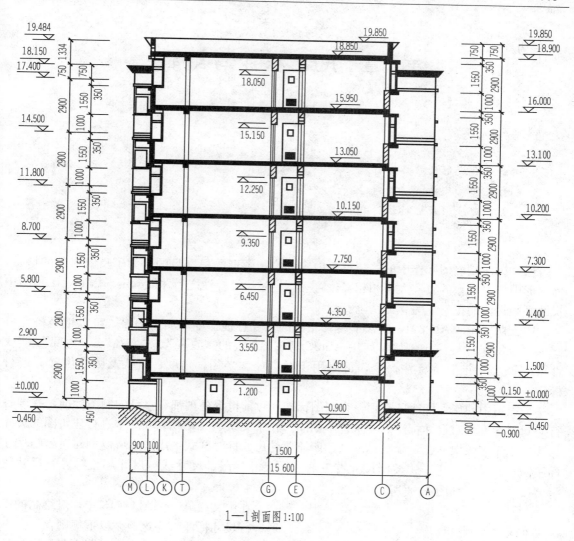

1—1剖面图1:100

图 6-25 某住宅楼剖面图

第7章 尺寸标注与编辑

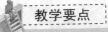

教学要点

★ 直线形尺寸标注样式
★ 圆形尺寸标注样式
★ 角度形尺寸标注样式
★ 编辑尺寸标注

尺寸标注是绘图工作中的一项重要内容，绘制图形的根本目的是为了反映对象的形状，而图形中各个对象的真实大小和相互位置只有经过尺寸标注之后才能确定。因此，工程图中尺寸必须标注的正确、完整、清晰。

中文版 AutoCAD 2013 包含了一套完整的尺寸标注命令和实用程序，可以很轻松完成图纸要求的尺寸标注。例如，使用 AutoCAD 2013 中的"直径"、"半径"、"角度"、"线性"、"圆心标记"等标注命令，可以用于对直径、半径、角度、直线及圆心位置等进行标注。

工程图中的尺寸标注还必须符合制图标准。目前世界各国都有自己的制图标准，我国各行业制图标准中对尺寸标注的要求也不相同。在中文版 AutoCAD 2013 中进行建筑图的尺寸标注，首先应该根据建筑制图标准创建所需要的尺寸标注样式，用户也可以创建自己的尺寸标注样式。尺寸标注样式控制尺寸有五要素：尺寸界限、尺寸线、尺寸起止符号、尺寸数字、尺寸单位，如图 7-1 所示。

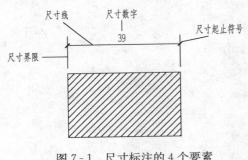

图 7-1　尺寸标注的 4 个要素

在中文版 AutoCAD 2013 中，对绘制的图形进行尺寸标注时应该遵循以下规则：

（1）物体的真实大小应以图上所标注的尺寸数值为依据，与图形的大小及绘图的准确度无关。

（2）图形中的尺寸以 mm 为单位时，不需要标注计量单位的代号或名称。如采用其他单位，就必须注明相应计量单位的代号或名称，比如（°）、cm 及 m 等。

（3）图样中所标注的尺寸应该为该图所表示的物体的最后完工尺寸，否则应该另加说明。

下面将介绍怎样使用"尺寸标注样式管理器"对话框来创建和修改尺寸标注样式以及如何进行尺寸标注。

7.1 创建尺寸标注样式

创建尺寸标注样式之后，用户进行尺寸标注就比较容易。中文版 AutoCAD 2013 可以标注直线尺寸、角度尺寸、直径尺寸、半径尺寸及公差等。例如要对图 7-2 所示的矩形长度进行标注，可以通过选取矩形的两个对角的端点，先给出尺寸界限的第"1"起点和第"2"起点，再指定尺寸线位置的第"3"点，就可以完成标注。

尺寸标注样式的创建是通过一组尺寸变量的合理设置来完成的。采用以下方法可以打开"尺寸标注样式管理器"对话框。

1. 命令调用

（1）功能区："常用"标签/"注释"面板/"标注样式"。

（2）单击"标注"工具栏上"样式"按钮。

（3）下拉菜单："标注"/"标注样式"。

（4）命令行：DIMSTYLE 或 D↙

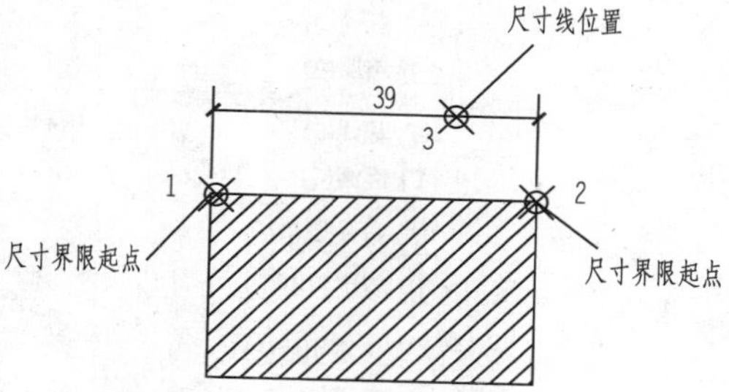

图 7-2 对矩形长度进行标注

2. 操作说明

使用"标注"工具栏输入命令是进行尺寸标注的最快捷方式，所以在绘制工程图进行尺寸标注时需要将"标注"工具栏打开放在绘图区旁边。打开工具栏的方法是将鼠标放在任一个工具栏上，单击鼠标右键，出现屏幕菜单时，单击所需工具栏，如图 7-3 所示。

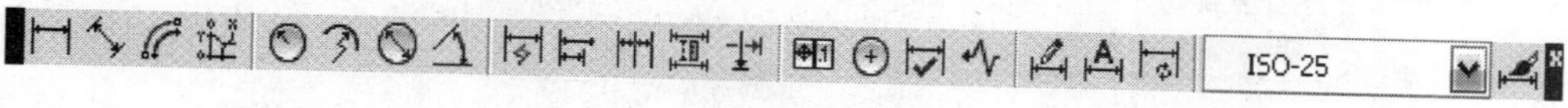

图 7-3 "标注"工具栏

采用"标注"菜单输入命令来进行尺寸标注也是一种常用的方式，用鼠标左键去单击菜单栏中的"标注"，在出现下拉菜单时，选择相关的尺寸标注的命令，如图 7-4 所示。

用户还可以选择在功能区"常用"选项卡内单击"注释"面板右上角的"小三角"图标，在出现下拉菜单时，选择相应的尺寸标注的命令，如图 7-5 所示。

输入命令后，系统弹出"尺寸标注样式管理器"对话框，如图 7-6 所示。

7.1.1 简介"尺寸标注样式管理器"对话框

（1）了解"尺寸标注样式管理器"对话框中各项选项卡的含义是创建新的尺寸标注样式的基础。"尺寸标注样式管理器"对话框的主要功能有：预览尺寸标注样式、新建尺寸标注样式、修改已有的尺寸标注样式、设置一个尺寸标注样式的替代、设置当前的尺寸标注样式、比较尺寸标注样式等。

（2）"尺寸标注样式管理器"对话框内的"当前标注样式"区域可以用来显示当前的尺寸标注样式。"样式"列表框中显示了图形中的尺寸标注样式，用户在"样式"列表框中选择了适当的标注样式之后，按下"置为当前"按钮，就可以把刚选择的样式置为当前。

图 7-4 "标注"菜单

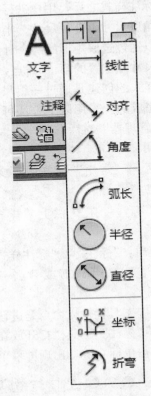

图 7-5 "注释"面板下拉菜单

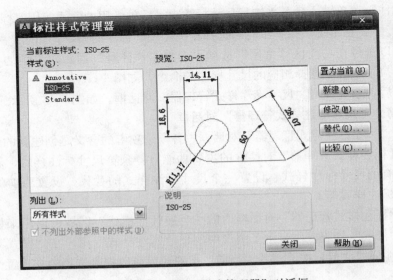

图 7-6 "尺寸标注样式管理器"对话框

（3）按下"新建"按钮，打开"新建标注样式"对话框；按下"修改"按钮，打开"修改标注样式"对话框，此对话框可以用来修改当前尺寸标注样式的设置；按下"替代"按钮，打开"替代当前样式"对话框，在此对话框中，可以设置临时的尺寸标注样式，用来替代当前尺寸标注样式的相关设置。

7.1.2 简介"创建新标注样式"对话框

（1）单击"标注样式管理器"对话框中的"新建"按钮，打开"创建新标注样式"对话框，如图7-7所示。

（2）通过"新样式名"文本框可以设置新创建的尺寸标注样式的名称；在"基础样式"下拉列表框中选择基础样式，新创建的尺寸标注样式将以此样式为模板进行修改；在"用于"下拉列表框中可以指定新创建的尺寸标注样式将用于哪种类型的尺寸标注。

图7-7 "创建新标注样式"对话框

（3）按下"继续"按钮，关闭"创建新标注样式"对话框，会弹出的"新建标注样式"对话框，如图7-8所示。用户可以在"创建新标注样式"对话框的各选项卡中设置相关的参数，设置完成后按下"确定"按钮，返回"标注样式管理器"对话框，在"样式"列表框中可以观察到新建的标注样式。

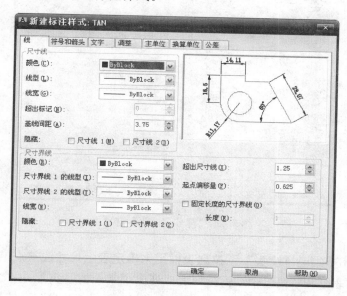

图7-8 "新建标注样式"对话框

7.1.3 "新建标注样式"对话框各选项卡的设置

1. "线"选项卡

在"新建标注样式"对话框中使用"线"选项卡，如图7-9所示，由"尺寸线"和"尺寸界线"两个选项组组成。此选项卡用来设置尺寸线、尺寸界线以及中心标记的特性等，用以控制尺寸标注的几何外观。

(1) "尺寸线"选项组：可以用"颜色"下拉列表框来设置尺寸线的颜色；"线宽"下拉列表框可以设定尺寸线的宽度；"超出标记"微调框用来设定使用倾斜尺寸界线，尺寸线超出尺寸界线的距离；"基线间距"微调框用来设定使用基线标注时各尺寸线间的距离；"隐藏"及其复选框可以控制尺寸线的显示，"尺寸界线1"复选框用来控制是否隐藏第1条尺寸线，"尺寸界线2"复选框用来控制是否隐藏第2条尺寸线。

(2) "尺寸界线"选项组："颜色"下拉列表框用来设置尺寸界线的颜色；"线宽"下拉列表框用来设定尺寸界线的宽度；"超出尺寸线"微调框用来设定尺寸界线超出尺寸线的距离；"起点偏移量"微调框用来设置尺寸界线相对于尺寸界线起点的偏移距离；"隐藏"及其复选框用来设置尺寸界线是否隐藏，"尺寸界线1"下拉列表框用来控制第1条尺寸界线的线型，"尺寸界线2"下拉列表框用来控制第2条尺寸界线的线型，"固定长度的尺寸界线"复选框可以在"标注样式"对话框中为尺寸界线设置固定的长度。

2. "符号和箭头"选项卡

在"新建标注样式"对话框中，使用"符号和箭头"选项卡可以设置箭头、圆心标记、弧长符号和半径折弯标注的格式与位置，如图7-9所示。

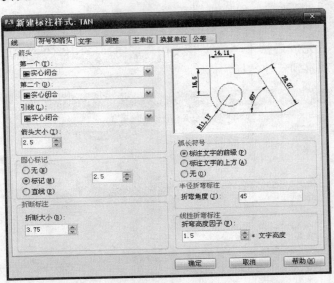

图 7-9 "符号和箭头"选项卡

(1) "箭头"选项组："箭头"下拉列表框用来确定表示尺寸线端点的箭头的外观形式；"第一个"下拉列表框和"第二个"下拉列表框列出了常见的箭头形式，当改变第一个箭头的类型时，第二个箭头将自动改变，同第一个箭头相匹配；"引线"下拉列表框中列了尺寸线引线部分的形式；"箭头大小"微调框用来设定箭头相对其他尺寸标注元素的大小。

(2) "圆心标记"选项组用来控制标注半径和直径尺寸时，中心线和中心标记的外观。其下三个单选按钮用来设置中心标记的形式；"标记"选项将在圆心处放置一个与"大小"微调框中的值相同的圆心标记；"直线"选项将在圆心处放置一个与"大小"微调框中的值相同的中心线标记；"无"选项将在圆心处不放置中心线和圆心标记；"大小"微调框用来设置圆心标记或中心线的大小。

（3）"弧长符号"选项组：用来控制弧长符号的放置位置。弧长符号放在标注文字的前面或上方。

（4）"半径折弯标注"选项组：在圆弧或圆的圆心位于图形边界之外的情况下可以利用折弯来标注半径。

3."文字"选项卡

在"新建标注样式"对话框中，可以使用"文字"选项卡设置标注文字的外观、位置和对齐方式，如图7-10所示。

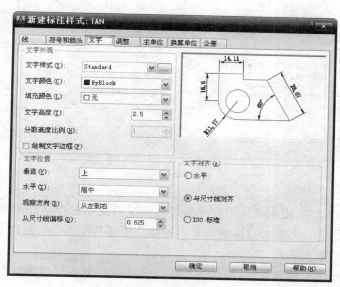

图7-10 "文字"选项卡

（1）"文字外观"选项组：用户可以设置标注文字的大小和格式。"文字样式"下拉列表框用来设置标注文字所用的样式，单击后面的按钮，弹出"文字样式"对话框，该对话框的用法在前面已经做过阐述。"文字颜色"下拉列表框用来设置标注文字的颜色；"文字高度"微调框用来设置当前标注文字样式的高度；"分数高度比例"微调框用来设置分数尺寸文本的相对于文字的分数比例；"绘制文字边框"复选框用来控制是否在标注文字四周绘制一个边框。

（2）"文字位置"选项组：用户可以设置标注文字的位置。"垂直"下拉列表框用来设置标注文字沿尺寸线在垂直方向上的对齐方式；"水平"下拉列表框用来设置标注文字沿尺寸线和尺寸界线在水平方向上的对齐方式；"从尺寸线偏移"微调框用来设置文字与尺寸线的间距。

（3）"文字对齐"选项组：用户可以设置标注文字的方向。"水平"单选按钮表示标注文字沿水平线放置；"与尺寸线对齐"单选按钮表示标注文字沿尺寸线方向放置；"ISO标准"单选按钮表示当标注文字在尺寸界线之间时，沿尺寸线的方向放置，当标注文字在尺寸界线的外侧时，水平放置标注文字。

4."调整"选项卡

在"新建标注样式"对话框中，"调整"选项卡可以用来设置标注文字、尺寸线、尺寸箭头的位置，其分为"调整选项"、"文字位置"、"标注特征比例"、"优化"四选项组，如图 7-11 所示。

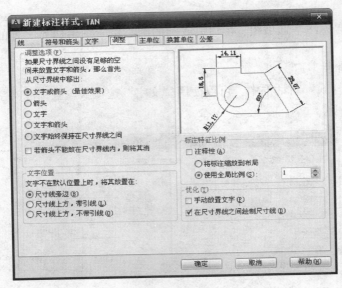

图 7-11　"调整"选项卡

（1）"调整选项"组：用来确定当尺寸界线之间没有足够的空间同时来放置文字和箭头时，可通过该选项组进行调整，以决定先移出标注文字还是箭头。包括以下五个单选按钮和一个开关，从上至下依次是：

1）"文字或箭头（最佳效果）"单选按钮：该选项将根据两尺寸界线间的距离大小，自动确定尺寸数字与箭头的最佳位置。

2）"箭头"单选按钮：选择该选项时，如果空间足够，就把尺寸数字与箭头都放在尺寸界线内；如果尺寸数字与箭头两者仅仅只够放置一种，则将尺寸箭头放在尺寸界线内，尺寸数字放在尺寸界线外；但若尺寸箭头也不足以放在尺寸界线内，则尺寸数字与箭头都放在尺寸界线外。

3）"文字"单选按钮：选择该选项时，如果空间足够，就将尺寸数字与箭头都放在尺寸线内；如果箭头与尺寸数字两者仅仅只够放置一种，则将尺寸数字放在尺寸界线之内，箭头放在尺界线之外；但若尺寸数字也不足以放在尺寸界线内，则尺寸数字与箭头都放在尺寸线外。

4）"文字和箭头"单选按钮：选择该选项时，如果空间足够，就将尺寸数字与箭头都放尺寸界线之内，否则文字和箭头都放在尺寸界线之外。

5）"文字始终保持在尺寸界线之间"单选按钮：选择该选项时，在任何情况下系统都将尺寸数字放在两尺寸界线之间。

6）"若箭头不能放在尺寸界线内，则将其消除"单选按钮：选择该开关时，如果空间不够，系统将不会绘制尺寸标注的箭头。

（2）"文字位置"区域共有三个单选按钮，从上至下依次是：

1）"尺寸线旁边"单选按钮：该选项控制当尺寸数字不在默认位置时，在尺寸线旁放置尺寸数字。

2)"尺寸线上方,带引线"单选按钮:该选项控制当尺寸数字不在默认位置时,如果尺寸数字与箭头都不足以放到尺寸界线之内,可以移动鼠标绘出一条引线标注尺寸数字。

3)"尺寸线上方,不带引线"单选按钮:该选项控制当尺寸数字不在默认位置时,如果尺寸数字与箭头都不足以放到尺寸界线之内,按引线模式,但不绘出引线。

(3)"标注特征比例"区该区域共有两个单选按钮,从上至下依次是:

1)"将标注缩放到布局"单选按钮:控制是在图纸空间还是在当前的模型空间视窗上采用整体比例系数。

2)"使用全局比例"单选按钮:用来设置整体比例系数。它控制各尺寸要素,该尺寸标注样式中所有尺寸四要素的大小及偏移量的尺寸标注变量都会乘上整体比例系数。整体比例的默认值为"1",其数值可以在右边的文字编辑框中指定。

(4)"优化"区共有两个单选按钮,从上至下依次是:

1)"手动放置文字"开关:若打开该开关进行尺寸标注时,系统允许用户自己指定尺寸数字的位置。

2)"在尺寸界线之间绘制尺寸线"开关:此开关控制尺寸箭头在尺寸界线外时,两尺寸界线之间是否画线。打开此开关则画线,关闭开关则不画线。

5."主单位"选项卡

在"新建标注样式"对话框中,用户使用"主单位"选项卡设置主单位的格式与精度等属性,同时还可以设置标注文字的前缀和后缀,如图7-12所示。

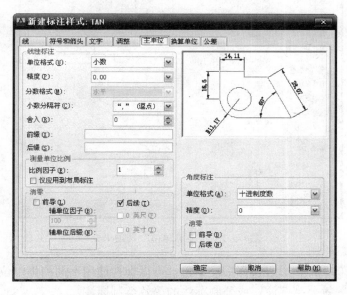

图7-12 "主单位"选项卡

(1)在"线性标注"选项组中,用户可以设置线性标注的单位格式及其精度。

1)"单位格式"下拉列表框:用来设置所有尺寸标注类型,除了角度标注以外的当前单位格式。

2)"精度"下拉列表框:设置在十进制单位下用来显示标注文字的小数位数。

3）"分数格式"下拉列表框：设置分数的格式。

4）"小数分隔符"下拉列表框：设置小数格式的分隔符号，用户可在其下拉列表中选择"句点"、"逗点"和"空格"选项来对分隔符进行设置。

5）"舍入"微调框：设置除了角度标注以外的所有尺寸标注类型标注测量值的取整规则。小数点后显示的位数取决于"精度"设置。

6）"前缀"微调框：对标注文字加上一个前缀。例如控制代码％％C 显示直径符号。

7）"后缀"微调框：用来对标注文字加上一个后缀。例如控制代码％％D 显示公差。

（2）"测量单位比例"选项组：用来确定测量时的缩放系数。它可以实现按不同比例绘图时，直接注出实际物体的大小。例如：若绘图时将尺寸缩小一半来绘制，绘图比例为1∶2，那么在此设置比例因子为2，AutoCAD 2013 就将把测量值扩大一倍，使用真实的尺寸值进行标注。"仅应用到布局标注"开关：控制仅把比例因子用来布局中的尺寸。

（3）"角度标注"选项组：设置角度标注的当前角度格式。

（4）"消零"选项组：控制是否显示前导零或后续零以及零英尺零英寸。

6."换算单位"选项卡

在"新建标注样式"对话框中，用户使用"换算单位"选项卡设置换算单位的格式和精度并设置尺寸数字的前级和后级，如图 7-13 所示。

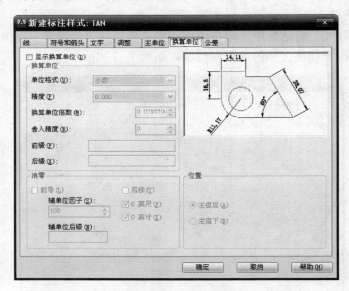

图 7-13 "换算单位"选项卡

在 AutoCAD 2013 中，通过换算标注单位，可以转换使用不同测量单位制的标注，通常是显示英制标注的等效公制标注，或公制标注的等效英制标注。

在"换算单位"选项卡中能够进行换算单位的各项设置。

（1）显示换算单位：向标注文字添加换算测量单位。选定此复选框，其他选项才有用。

（2）"换算单位"选项组：设置除了角度以外的所有标注类型的当前换算单位格式。

（3）"消零"选项组：控制不输出前导零或后续零以及零英尺零英寸。

（4）"位置"选项组：控制标注文字中换算单位的位置。

1) 主值后：将换算单位放在标注文字中的主单位之后。

2) 主值下：将换算单位放在标注文字中的主单位下面。

7. "公差"选项卡

在"新建标注样式"对话框中，可以使用"公差"选项卡用来控制尺寸公差标注形式、公差值大小及公差位置的高度及位置等，如图 7 - 14 所示。该对话框主要应用部分是左边区域，该区主要有 8 个操作项，其从上至下依次是：

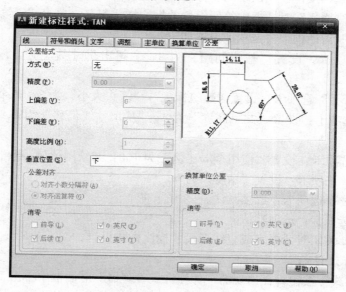

图 7 - 14 "公差"选项卡

（1）"方式"下拉列表框：指定公差标注方式，其中包括五个选项："无"（表示无公差标注）、"对称"（表示上下偏差同值标注）、"极限偏差"（表示上下偏差不同值标注）、"极限尺寸"（表示用上下极限值标注）、"基本尺寸"（表示要在尺寸数字上加一个矩形框）。

（2）"精度"下拉列表框：用来指定公差值小数点后保留的位数。

（3）"上偏差"文字编辑框：输入尺寸的最大公差或上偏差值。

（4）"下偏差"文字编辑框：输入尺寸的最小公差或下偏差值。

（5）"高度比例"文字编辑框：设定尺寸公差数字的当前高度。该高度是由尺寸公差数字的字高与基本尺寸数字高度的比值来确定的。例如"0.8"这个值使尺寸公差数字高是基本尺寸数字高度的 0.8 倍。

（6）"垂直位置"下拉列表框：控制尺寸公差相对于基本尺寸的位置。其中包括三项："上"为尺寸公差数字顶部与基本尺寸顶部对齐、"中"为尺寸公差数字中部与基本尺寸中部对齐、"下"为尺寸公差数字底部与基本尺寸底部对齐。

（7）"前导"开关：控制是否对尺寸公差值中的前导零加以显示。

（8）"后续"开关：控制是否对尺寸公差值中的后续零加以显示。

7.1.4 设置三种常用尺寸标注样式

在绘制的工程图中，通常都有多种标注尺寸的形式，要提高绘图速度，应该把绘图中所采用的尺寸标注形式逐一创建为尺寸标注样式，这样在绘图中标注尺寸时只需要调用所需尺寸的标注样式，从而避免了尺寸变量的反复设置以便于修改。

工程图中常用三种尺寸标注样式：直线形尺寸标注样式、圆形尺寸标注样式、角度形尺寸标注样式。以下介绍如何创建这三种常用标注样式。

具体操作步骤如下。

1. 直线形尺寸标注样式

单击"标注样式"按钮，在出现的"标注样式管理器"对话框中单击"新建"按钮，在弹出的"创建新标注样式"对话框中给所设置的标注样式起名，单击"继续"按钮，在出现的"新建标注样式"对话框中各选项卡设置如下：

(1)"线"选项卡：设置"基线间距"为8、"超出尺寸线"为3、"起点偏移量"为2。

(2)"符号和箭头"选项卡：设置"建筑标记"，"箭头大小"为3；其余选项默认。

(3)"文字"选项卡：设置"文字高度"为4；"从尺寸线偏移"为1；选中"与尺寸线对齐"。

(4)"调整"选项卡：设置"使用全局比例"为100，与绘图比例一致。

(5)"主单位"选项卡：设置"精度"为0。

(6)"换算单位"选项卡：选项默认。

(7)"公差"选项卡：选项默认。

单击"确定"，关闭对话框完成直线形尺寸标注样式设置。

2. 圆形尺寸标注样式

单击"标注样式"按钮，在出现的"标注样式管理器"对话框中单击"新建"按钮，在弹出的"创建新标注样式"对话框中给所设置的标注样式起名，单击"继续"按钮，在出现的"新建标注样式"对话框中各选项卡设置如下：

(1)"线"选项卡：设置"基线间距"为8、"超出尺寸线"为3、"起点偏移量"为2。

(2)"符号和箭头"选项卡：设置"箭头大小"为3。

(3)"文字"选项卡：设置"文字高度"为4、"从尺寸线偏移"为1；选中"ISO标准"。

(4)"调整"选项卡：选定"箭头"、"手动放置文字"，并设置"使用全局比例"为100，与绘图比例相一致。

(5)"主单位"选项卡：设置"精度"为0。

(6)"换算单位"选项卡：选定默认。

(7)"公差"选项卡：选定默认。

单击"确定"，关闭对话框完成圆形尺寸标注样式设置。

3. 角度形尺寸标注样式

单击"标注样式"按钮，在出现的"标注样式管理器"对话框中单击"新建"按钮，在弹出的"创建新标注样式"对话框中给设置的标注样式起名，单击"继续"按钮，在出现的"新建标注样式"对话框中各选项卡设置如下：

(1)在"线"选项卡中设置"基线间距"为10、"超出尺寸线"为3、"起点偏移量"为2。

（2）在"符号和箭头"选项卡中设置"箭头大小"为 3。

（3）在"文字"选项卡中设置"文字高度"为 4，"从尺寸线偏移"设置为 1，选定"水平"。

（4）在"调整"选项卡中设置"使用全局比例"为 100，与绘图比例相一致。

（5）在"主单位"选项卡中设置"精度"为 0。

（6）在"换算单位"选项卡中选定默认。

（7）在"公差"选项卡中选定默认。

按下"确定"，关闭对话框完成角度形尺寸标注样式设置。

7.2 修改和替代标注样式

已经设置的尺寸标注样式也可以进行修改和替代。

在"标注样式管理器"对话框"样式"下列表框中，选择需要修改的标注样式，然后单击"修改"按钮，打开"修改标注样式"对话框，可以在该对话框中对该样式的参数进行修改。完成后按下"确定"按钮返回"标注样式管理器"对话框，最后单击"关闭"按钮，完成修改标注样式。

同样的，在"标注样式管理器"对话框的"样式"下列表框中，选择需要替代的标注样式，单击"替代"按钮，打开"替代当前样式"对话框，用户可以在该对话框中设置临时的尺寸标注样式，以替代当前尺寸标注样式的相应设置。

从本质上来讲，"新建标注样式"和"修改标注样式"以及"替代当前样式"是一致的，用户学会了"新建标注样式"对话框的设置，其他两个对话框可以用同样方法设置。

7.3 尺 寸 标 注

AutoCAD 2013 提供了十余种标注工具用以标注图形对象。使用它们可以进行线性、对齐、连续、直径、半径、圆心、角度及基线等标注，如图 7-15 所示。

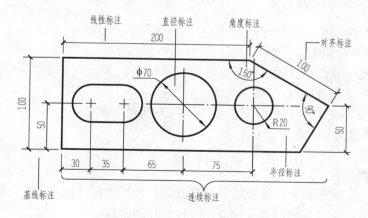

图 7-15 标注方法

7.3.1　直线形尺寸标注

直线形尺寸是工程制图中最常见的尺寸，它包括水平尺寸、垂直尺寸、对齐尺寸、基线标注和连续标注等。下面将分别介绍这几种尺寸的标注方法。

第一种　线性标注

执行线性标注命令，可以标注水平方向尺寸和垂直方向尺寸。

1. 命令调用

（1）功能区："常用"标签／"注释"面板／"标注样式"。⊢

（2）单击"标注"工具栏中"线性" ⊢按钮。

（3）下拉菜单："标注"／"线性"。

（4）命令行：DIMLINEAR 或 DLI ✓

2. 操作说明

输入"线性"命令后，命令行提示：

命令：DIMLINEAR ✓

指定第一条尺寸界线原点或＜选择对象＞：选取一点作为第一条尺寸界线的起点。

指定第二条尺寸界线原点：选取一点作为第二条尺寸界线的起点。

指定尺寸线位置或［多行文字（M)/文字（T)/角度（A)/水平（H)/垂直（V)/旋转（R)］：移动光标指定尺寸线位置，也可设置其他选项。

标注文字：系统自动提示数字信息。

标注效果如图 7-15 所示。

第二种　对齐标注

对齐尺寸标注可以标注某一条倾斜线段的实际长度。

1. 命令调用

（1）功能区："常用"标签／"注释"面板／"对齐"。 ↘

（2）单击"标注"工具栏中"对齐" ↘按钮。

（3）下拉菜单"标注"／"对齐"。

（4）命令行：DIMALIGNED 或 DAL ✓

2. 操作说明

输入"对齐"命令后，命令行提示：

命令：DIMALIGNED ✓

指定第一条尺寸界线原点或＜选择对象＞：

指定第二条尺寸界线原点：

指定尺寸线位置或［多行文字（M)/文字（T)/角度（A)］：

标注文字：系统自动提示数字信息。

标注效果如图 7-15 所示。

第三种　基线标注

在工程制图中，常常以某一面或线作为基准，其他尺寸都以该基准进行定位或画线，这就是基线标注。基线标注需要以事先完成的线性标注为基础。

1. 命令调用

（1）功能区："注释"标签／"标注"面板／"基线"。⊟

（2）单击"标注"工具栏上"基线" ⊟ 按钮。

（3）下拉菜单："标注"/"基线"。

（4）命令行：DIMBASELINE 或 DBA ✓

2. 操作说明

输入"基线"命令后，命令行提示：

命令：DIMBASELINE ✓

指定第二条尺寸界线原点。

标注文字：系统自动提示数字信息。

继续提示指定第二条尺寸界线起点，直到结束。

标注效果如图 7 - 15 所示。

第四种　连续标注

连续标注是首尾相连的多个标注，前一尺寸的第二尺寸界线就是后一尺寸的第一尺寸界线。

1. 命令调用

（1）功能区："注释"标签/"标注"面板/"连续"。 ⊞

（2）单击"标注"工具栏上"连续标注" ⊞ 按钮。

（3）下拉菜单："标注"/"连续"。

（4）命令行：DIMCONTINUE ✓

2. 操作说明

输入命令后，命令行提示：

命令：DIMCONTINUE ✓

指定第二条尺寸界线原点或［放弃（U）/选择（S）］＜选择＞：

标注文字

指定第二条尺寸界线原点或［放弃（U）/选择（S）］＜选择＞：

标注文字

标注效果如图 7 - 15 所示。

第五种　标注间距

使用该命令可以自动调整平行的线性标注和角度标注之间的间距，或根据指定的间距值进行调整。

1. 命令调用

（1）功能区："注释"标签/"标注"面板/"调整间距"。 ⊞

（2）单击"标注"工具栏上"标注间距" ⊞ 按钮。

（3）下拉菜单："标注"/"标注间距"。

（4）命令行：DIMSPACE ✓

2. 操作说明

输入"标注间距"命令后，命令行提示：

选择基准标注：指定作为基准的尺寸标注。

选择要产生间距的标注：指定要控制间距的尺寸标注。

选择要产生间距的标注：可以连续选择，回车结束选择。

输入值或［自动（A）］＜自动＞：输入间距的数值。

默认状态是自动，就按照当前尺寸样式设定的间距。

3. 特别提示

除了调整尺寸线间距，还可以通过输入间距值 0 使尺寸线相互对齐。由于能够调整尺寸线的间距或对齐尺寸线，因而无需重新创建标注或使用夹点逐条对齐并重新定位尺寸线。

7.3.2 圆形尺寸标注

圆形尺寸是工程制图中另一种比较常见的尺寸，包括标注半径尺寸、标注直径尺寸、折弯半径、弧长标注与标注圆心。下面将分别介绍它们的标注方法。

第一 半径标注

1. 命令调用

（1）功能区："常用"标签/"注释"面板/"半径"。

（2）单击"标注"工具栏上"半径"按钮。

（3）下拉菜单："标注"/"半径"。

（4）命令行：DIMRADIUS 或 DRA ↙

2. 操作说明

输入"半径"命令后，命令行提示：

命令：DIMRADIUS ↙

选择圆弧或圆：选择要标注半径的圆或圆弧对象。

指定尺寸线位置或［多行文字（M）/文字（T）/角度（A）］：

移动光标至合适位置单击鼠标。

标注文字：系统自动提示数字信息。

标注效果如图 7-15 所示。

第二 直径标注

1. 命令调用

（1）功能区："常用"标签/"注释"面板/"直径"。

（2）单击"标注"工具栏中"直径"按钮。

（3）下拉菜单："标注"/"直径"。

（4）命令行：DIMDIAMETER ↙

2. 操作说明

输入"直径"命令后，命令行提示：

命令：DIMDIAMETER ↙

选择圆弧或圆：选择要标注半径的圆或圆弧对象。

标注文字：系统自动提示数字信息。

指定尺寸线位置或［多行文字（M）/文字（T）/角度（A）］：

标注效果如图 7-15 所示。

第三 折弯半径标注

1. 命令调用

（1）单击"标注"工具栏上"折弯"按钮。

（2）下拉菜单："标注" / "折弯"。

（3）命令行：DIMJOGGED ✓

2. 操作说明

输入"折弯"命令后，命令行提示：

命令：DIMJOGGED ✓

选择圆弧或圆：选择需要标注半径的圆或
圆弧。

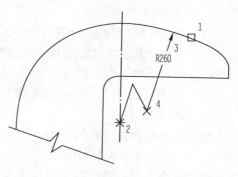

指定中心位置替代：确定尺寸线的起点位置。

标注文字：系统自动提示数字信息。

指定尺寸线位置或［多行文字（M）/文字
（T）/角度（A）］：确定尺寸线的位置。

指定折弯位置：确定折弯的位置。

标注效果如图 7 - 16 所示。

图 7 - 16　折弯半径标注

第四　弧长标注

为圆弧标注长度尺寸。

命令：DIMARC ✓

（1）功能区："常用"标签/"注释"面板/"弧长"。🍥

（2）单击"标注"工具栏上的"弧长" 🍥 按钮。

（3）下拉菜单："标注" / "弧长"。

（4）命令行：DIMARC ✓

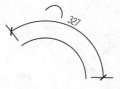

输入"弧长"命令后，命令行提示：

选择弧线段或多段线弧线段：选择圆弧段。

指定弧长标注位置或［多行文字（M）/文字（T）/角度（A）/部
分（P）/引线（L）］：确定弧长标注位置。

标注效果如图 7 - 17 所示。

图 7 - 17　弧长标注

第五　圆心标记

1. 命令调用

（1）功能区："注释"标签/"标注"面板/"圆心标记"。⊕

（2）单击"标注"工具栏中"圆心标记" ⊕ 按钮。

（3）下拉菜单："标注" / "圆心标记"。

（4）命令行：DIMCENTER ✓

2. 操作说明

输入"圆心标记"命令后，命令行提示：

命令：DIMCENTER ✓

选择圆弧或圆：选择需要标注圆心标记的圆或圆弧。

就可以标注圆和圆弧的圆心。

标注效果如图 7 - 15 所示。

3. 特别提示

圆心标记的形式可以由系统变量 DIMCEN 设置。当该变量的值大于 0 时，画小十字线标记；当变量的值小于 0 时，画出十字中心线标记；当变量的值等于 0 时，无圆心标记。

7.3.3　角度形尺寸标注

角度形尺寸标注用来标注两条直线或 3 个点之间的角度。要测量圆的两条半径之间的角度，可以选择此圆，然后指定角度端点。对于其他对象，则需要先选择对象，然后指定标注位置。

1. 命令调用

（1）功能区："常用"标签/"注释"面板/"角度"。⊿

（2）单击"标注"工具栏中"角度"⊿按钮。

（3）下拉菜单："标注"/"角度"。

（4）命令行：DIMANGULAR 或 DAN ↙

2. 操作说明

输入命令后，命令行提示如下：

命令：DIMANGULAR ↙

选择圆弧、圆、直线或<指定顶点>：选择标注角度尺寸对象，选择小圆弧。

指定标注弧线位置或［多行文字（M)/文字（T)/角度（A)］移动光标至合适位置单击鼠标。

标注文字：系统自动提示数字信息。

标注效果如图 7-18 所示。（按 ISO 国际标准标注）

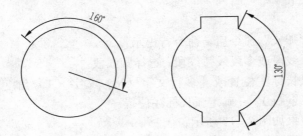

图 7-18　角度标注

7.3.4　快速标注

快速标注命令用于同时标注多个对象。

1. 命令调用

（1）功能区："注释"标签/"标注"面板/"快速标注"。⊠

（2）单击"标注"工具栏中"快速标注"⊠按钮。

（3）下拉菜单："标注"/"快速标注"。

（4）命令行：QDIM ↙

2. 操作说明

输入"快速标注"命令后，命令行提示：

命令：QDIM ↙

关联标注优先级＝端点

　　选择要标注的几何图形：找到 1 个

　　选择要标注的几何图形：找到 1 个，总计 2 个

　　选择要标注的几何图形：↙

　　指定尺寸线位置或［连续（C）/并列（S）/基线（B）/坐标（O）/半径（R）/直径（D）/基准点（P）/编辑（E）/设置（T）］＜连续＞：

　　其中各项意义如下：

　　"连续"（C）选项：同时创建多个连续标注。

　　"并列"（S）选项：创建一系列并列标注。

　　"基线"（B）选项：同时创建多个基线标注。

　　"坐标"（O）选项：同时创建多个坐标标注。

　　"半径"（R）选项：同时创建多个半径标注。

　　"直径"（D）选项：同时创建多个直径标注。

　　"基准点"（P）选项：为基线和坐标标注设置新的基准点。

　　"编辑"（E）选项：从现有标注中添加或删除点。

　　"设置"（T）选项：为指定尺寸界线原点设置默认对象捕捉。

7.4　编　辑　尺　寸　标　注

　　编辑尺寸标注包括旋转现有文字或者用新文字替换现有文字。可以将文字移动到新位置或返回其初始位置，也可以将标注文字沿尺寸线移动到左、右、中心或尺寸界线之内，以至于尺寸界线之外的任意位置。

7.4.1　修改尺寸文字

修改已有尺寸的尺寸文字。

（1）单击"文字"工具栏上"编辑" 按钮。

（2）定点设备：双击文字对象。

（3）快捷菜单：选择文字对象，在绘图窗口中单击鼠标右键，然后单击"编辑"。

（4）下拉菜单："修改"/"对象"/"文字"/"编辑"。

（5）命令行：DDEDIT ↙

执行 DDEDIT 命令，命令行提示：

选择注释对象或［放弃（U）］：

　　在该提示下选择尺寸，打开"文字格式"工具栏，并将所选择尺寸的尺寸文字设置为编辑状态，用户可以直接对其进行修改，例如修改尺寸值、修改或添加公差等。

7.4.2　编辑标注

该命令用来进行修改已有尺寸标注的文本内容和文本放置方向。

1. 命令调用

（1）单击"标注"工具栏上"编辑标注" 按钮。

（2）命令行：DIMEDIT 或 DED ↙

2. 操作说明

输入命令后，命令行提示如下：

命令：DIMEDIT✓

输入标注类型［默认（H）/新建（N）/旋转（R）/倾斜（O）］：＜默认＞

此提示中有 4 个选项，分别为默认（H）、新建（N）、旋转（R）和倾斜（O），各选项含义如下：

（1）"默认"（H）选项：将尺寸文本按默认位置和方向放置尺寸文字。

（2）"新建"（N）选项：修改所选择的尺寸标注的尺寸文本。

（3）"旋转"（R）选项：尺寸文字旋转指定的角度。

（4）"倾斜"选项：倾斜标注，编辑线性尺寸标注，使尺寸界线倾斜一个角度，常用来标注锥形图形。

7.4.3　编辑标注文字

该命令用来进行修改已经有尺寸标注的放置位置。

1. 命令调用

（1）功能区："注释"标签/"标注"面板/"恢复默认文字位置"。 A

（2）单击"标注"工具栏上"编辑标注" A 按钮。

（3）命令行：DIMTEDIT 或 DIMTED✓

2. 操作说明

输入 DIMTEDIT 命令后，命令行提示：

选择标注：选定要修改位置的尺寸。

指定标注文字的新位置或［左（L）/右（R）/中心（C）/默认（H）/角度（A）］

（1）"左"（L）选项：将尺寸文本按尺寸线左端置放。

（2）"右"（R）选项：将尺寸文本按尺寸线右端置放。

（3）"中心"（C）选项：将尺寸文本按尺寸线中心置放。

（4）"默认"（H）选项：按默认位置、方向放置尺寸文字。

（5）"角度"（A）选项：使尺寸文字旋转指定的角度。

7.4.4　尺寸标注更新

该命令用来进行替换所选择的尺寸标注的样式。

1. 命令调用

（1）单击"标注"工具栏中"标注更新" 按钮。

（2）下拉菜单："标注"/"更新"。

（3）命令行：输入 DIM 按回车键，然后在标注提示下输入"UPDATE"再按回车键。

2. 操作说明

在执行该命令前，先将需要的尺寸样式设为当前的样式。

输入命令后，命令行提示如下：

选择对象：选择要修改样式的尺寸标注。

选择对象：✓

命令结束后，所选择的尺寸样式变为当前的样式。

7.5 应 用 示 例

下面以图 7-19 所示的平面图为例，介绍建筑细部尺寸的标注，步骤如下：

（1）采用 1：100 的比例绘制如图 7-19 所示的平面图。

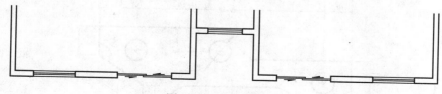

图 7-19 平面图示例

（2）单击"标注样式管理器"图标，打开"标注样式管理器"对话框；单击"新建"按钮，打开"创建新标注样式"对话框，在"新样式名"中输入"线型"，单击"继续"。

（3）在弹出"新建标注样式："线"选对话框中，输入"基线间距"为 8、"超出尺寸线"为 10、"起点偏移量"为 10。

（4）单击"符号和箭头"按钮，设置"箭头大小"为 3。

（5）在"文字"选项对话框中，输入"文字高度"为 20、"从尺寸线偏移"为 10；选定"ISO 标准"。

（6）在对话框中单击"调整"选项对话框中按钮，输入"使用全局比例"为 10，与绘图比例一致。

（7）在对话框中单击"主单位"选项对话框中按钮，设置"精度"为 0。

（8）"换算单位"选项卡：选项默认。

（9）"公差"选项卡：选项默认。

（10）单击"确定"，关闭对话框，完成设置。

（11）弹出"标注"工具栏，单击线性和连续命令图标，标注细部尺寸。

（12）单击分解命令，窗口选取下排所有数字，再单击移动命令，调整数字位置，使尺寸数字清晰明了，如图 7-20 所示。

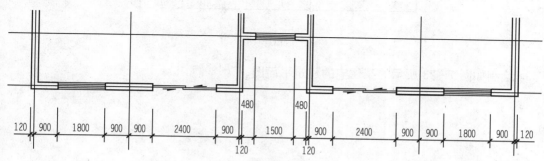

图 7-20 标注细部尺寸

7.6 上 机 练 习

1. 按图 7-21 所示要求给该图形标注尺寸。

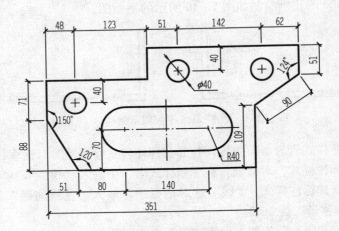

图 7-21 标注图形尺寸

2. 按图 7-22 所示要求给该图形标注尺寸。

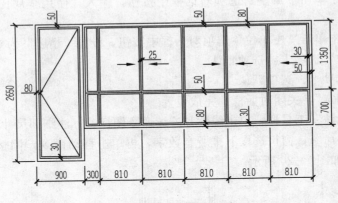

图 7-22 标注图形尺寸

3. 绘制如图 7-23 所示的某住宅的建筑平面图。

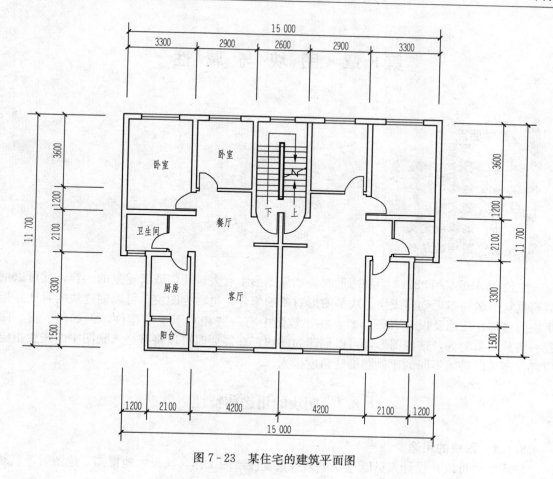

图 7-23 某住宅的建筑平面图

第 8 章　图 块 与 属 性

教学要点

★　创建内部块
★　创建外部块
★　插入图块
★　编辑块定义
★　图块的属性

在使用 AutoCAD 2013 绘制图形时，如果图形中有大量相似或者重复的内容，就可以把需要重复绘制的图形创建成块。块是图形对象的集合，也称为图块。可以创建块的属性，指定块的名称、用途及设计者等信息。在建筑图中有一些相对不变的构件，例如门、窗、阳台、洁具、图例等，这些图形都可以创建为图块，在需要时可以将其插入到图中的任意指定位置，还可以采用不同的比例和旋转角度插入。

8.1　图块的用途和特性

8.1.1　图块的用途

使用图块可以让设计人员既避免了某些重复性绘图工作，又极大地提高了绘图效率。块的具体用途如下：

（1）方便修改图形。

当用户创建一个块之后，系统会将该块存储在图形数据库中，以后可以多次调用同一个块。在研究方案、产品设计、技术改造等阶段需要反复修改图形，如果更新和修改一个图块，系统会把图形中所有引用该图块的部分自动更新。这样就节省了大量的修改时间。

（2）节省存储空间。

加入到当前图形中的实体都会增加磁盘文件所占用的空间，因为系统会记录每一个实体的构造信息。如果在图中重复出现一组图形时，就会占据比较多的磁盘空间，而把这组图形定义成块并存入磁盘，那么插入块时并不需要对块进行复制，而只是根据一定的位置、比例和旋转角度来引用，因此数据量要小得多，从而节省了计算机的存储空间。

（3）便于建立图库。

用户可以把经常使用的图形可以定义成图块，将其存入图库。在绘图过程时，可以从图库中把图块调出来使用，避免了大量重复性的工作，提高绘图的质量和速度。

（4）方便添加属性。

属性是与图块有关的特殊文本信息，用来描述图块的某些特征。这些文本信息在每次插入图块时可以改变，也可以像普通文本那样显示或者隐藏起来，还可以在图块中添加新的文本信息。

8.1.2 图块的特性

1. 图块的嵌套

图块可以嵌套，一个图块中可以包含对其他图块的引用。图块可以多层嵌套，系统对每个图块的嵌套层数没有加以限制。例如在建筑设计中，用户可以把门、窗定义为块，作为绘制卫生间时引用的图块，如果卫生间在设计绘图中也经常重复用到，那么也可以将其再定义成图块，图块中含有图块，就是图块的嵌套。

2. 图块与图层、线型、颜色的关系

（1）可以把位于不同图层上颜色和线型各不相同的图形对象定义为一个图块，也可以在图块中保持图形对象的颜色、图层和线型等属性。每次调用图块时，图块中每个图形对象的图层、颜色和线型等属性将不会改变。

（2）如果组成图块的图形对象在 0 图层，图形对象的颜色和线型设置为随层，如果把此图块插入到当前图层，该块的颜色和线型将被指定与当前图层的特性一样。当前图层的特性将替代任何明确指定给此块的颜色或线型等特性。

（3）如果组成图块的图形对象的颜色和线型设置为随块，当插入此图块时，组成图块的图形对象颜色和线型将会被设置为系统的当前值。

3. 图库修改的一致性

在绘制建筑图时，会用到一些常用的构件，例如门、窗、洁具、家具等，通常把这些构件建成图库，然后利用块插入的方法将构件插到某些图中。如果修改了这些构件，那么与构件有关的图形会自动修改，这就是系统提供的图库修改的一致性。

8.2 创建内部块

用户只有先绘制好图形，再把图形对象定义成图块，创建只能被当前图形所使用的图块。新建图形或者打开别的图形文件，该图块会立即消失。

1. 命令调用

（1）功能区：“常用”标签/“块”面板/“创建”。

（2）单击“绘图”工具栏上“创建块” 按钮。

（3）下拉菜单“绘图”/“块”/“创建”。

（4）命令行：BLOCK、BMAKE 或 B↙

2. 操作说明

单击“绘图”工具栏中“创建块”按钮，打开一个“块定义”对话框，如图 8-1 所示。

（1）简介“块定义”对话框。

在“块定义”对话框中，各个选项功能如下：

1）“名称”下拉列表框：用来输入图块的名称，也可以用来选择已有的图块。

2）“基点”选项组：用来确定块的插入基点位置。此处定义的插入点是该块将要插入的基准点，也是块在插入过程中旋转或者缩放的基点。用户可以在“X”文本框、“Y”文本框和“Z”文本框中直接输入坐标值，或者单击“拾取点”按钮，在绘图窗口中指定基点。

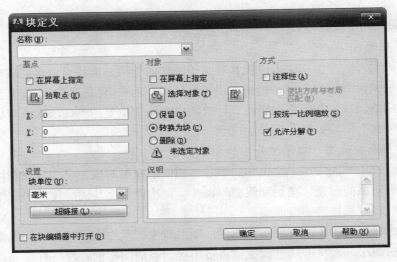

图 8-1 "块定义"对话框

3)"对象"选项组：用来指定包括在新块中的对象。选中"保留"单选按钮，表示定义图块后，图形将保留在绘图区，不转换为块；选中"转换为块"单选按钮，表示定义图块后，构成图块的图形转换为块；选中"删除"单选按钮，表示定义图块后，构成图块的图形会被删除。用户可以通过单击"选择对象"按钮，切换到绘图窗口，选择要创建为块的图形对象后，按回车键，系统返回"块定义"对话框，同时在"名称"下拉列表框右侧显示所选对象的预览图标，并在"对象"选项组的最后一行将"未选定对象"替换为"已选定 n 个对象"。

4)"方式"选项组：指定块的设置。选中"注释性"复选框，指定块为注释性对象；选中"按统一比例缩放"复选框，指定插入块时，按统一比例缩放；选中"允许分解"复选框，指定插入块时组成块的各基本对象即被分解。

5)"设置"选项组：由"块单位"、"超链接"二项组成。"块单位"下拉列表框用来设置插入块时的缩放单位。"超链接"此项，将来用户可以通过该块来浏览其他文件或者访问 Web 网站，单击"超链接"按钮后，系统会打开"插入超链接"对话框。

6)"说明"框：指定图块文字解释部分。

7)"在块编辑器中打开"复选框：当单击对话框中"确定"按钮创建出块之后，立即在块编辑器中打开当前块定义，并可以在块编辑中对块定义进行编辑。

在"块定义"对话框中完成各项设置后，单击"确定"按钮，即可创建出内部块。

（2）创建内部块步骤：

1）在"名称"对话框中输入图块名称。

2）在"基点"选项组中单击"拾取点"按钮。

3）选择插入基点。

4）"选择"选项组中单击"选择对象"按钮。

5）用框选来选择要定义成块的图形对象。

6）单击"确定"按钮，就可以把所选图形对象定义成内部块。

8.3 创 建 外 部 块

对已经绘制的图形对象、以前定义过的内部块，创建可以被所有图形使用的外部块，需要执行 WBLOCK 命令。外部块以 .DWG 格式文件的形式写入磁盘保存。

1. 命令调用

命令行：WBLOCK 或 W↙

2. 操作说明

命令行：WBLOCK↙，打开一个"写块"对话框，如图 8-2 所示。

图 8-2 "写块"对话框

该对话框的各个选项功能如下：

（1）"源"选项组：指定存储块的图形对象及图块的基点，将其保存为文件并指定插入点。

1）选择"块"单选按钮：把已经用 BLOCK 命令创建的块创建为外部块。保存图块时基点不变。

2）选择"整个图形"单选按钮：把当前整个图形作为外部块进行保存。

3）选择"对象"单选按钮：把选择的图形对象创建为外部块进行保存。

（2）基点、对象选项与图块定义相同。只有选中"对象"单选按钮，这两个选项组才有效。

1）"基点"选项组：用于确定块的插入基点位置。

2）"对象"选项组：用于确定组成块的对象。

（3）"目标"选项组：设置保存图块的名称、路径以及插入单位。

1）"文件名和路径"框：可以直接输入，也可以单击右边的按钮。如果选择单击右边的按钮，系统会弹出"浏览文件"对话框，在此对话框中指定保存图块的文件名，选择保存路径。

2)"插入单位"下拉列表：可以选择插入图块时的缩放单位，单击"确定"按钮，完成图块的保存。

8.4 插 入 图 块

对已经定义过的图块，可以使用 DDINSERT、INSERT、MINSERT 命令把图块插入到当前图形中，当插入块时，需要指定插入点、缩放比例和旋转角。

1. 命令调用

(1) 功能区："常用"标签/"块"面板/"插入"。

(2) 单击"绘图"工具栏上"插入块"按钮。

(3) 下拉菜单："插入"/"块"。

(4) 命令行：DDINSERT、INSERT 或 MINSERT ✓

2. 操作说明

DDINSERT 是用对话框方式执行的插入块命令；INSERT 是用命令行方式执行的插入块命令；MINSERT 是用矩形阵列方式插入块。

单击"绘图"工具栏上"插入块"按钮，打开一个"插入"对话框，如图 8-3 所示。

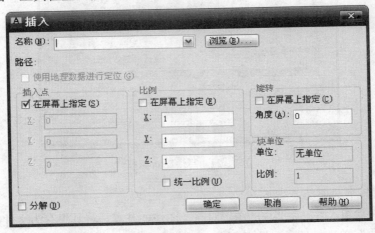

图 8-3 "插入"对话框

(1) 简介"插入"对话框。

在"插入"对话框中，设置相应的参数就可以插入图块。该对话框的各个选项功能如下：

1)"名称"下拉列表框：直接输入或通过下拉列表框选择需要插入到图形中的图块。单击"浏览"按钮，打开"选择文件"对话框，找到需要插入的图块，单击"打开"按钮，返回"插入"对话框进行其他参数设置。

2)"插入点"选项组：确定图块的插入位置，通常选定"在屏幕上指定"复选框，在绘图窗口以拾取点方式指定，还有直接在"X"、"Y"和"Z"三个文本框输入插入点坐标。

3)"缩放比例"选项组：用来设置图块插入后的比例。选定"在屏幕上指定"复选框，而通过绘图窗口指定插入比例。也可以直接在"X"、"Y"和"Z"三个文本框中输入数值，指定各个方向上的缩放比例。

4）"统一比例"复选框可以统一设定图块在 X、Y、Z 方向上相同的缩放比例。只需要指定沿 X 轴方向的缩放比例。

5）"旋转"选项组：用来设定图块插入后的旋转角度。选定"在屏幕上指定"复选框，通过绘图窗口指定旋转角度，也可以直接在"角度"文本框中输入数值，指定旋转角度。

6）"块单位"选项组：显示有关块单位的信息。

7）"分解"复选框：选定此复选框，图块在插入时被分解成各部分单独的实体，不再是一个整体。

（2）"插入"图块的步骤：

1）单击"插入块"按钮，打开一个"插入"对话框。

2）从此框中输入或选择要插入的图块名称。

3）确定图块的插入位置、比例和旋转角度，将图块插入。

4）按下"确定"，完成图块的插入。

3. 特别提示

用户可利用图块的插入技术，极大的提高绘图效率。

（1）图形文件作为块插入。

图形文件也可以作为图块来插入。在图 8-3 所示的"插入"对话框中单击"浏览"按钮，打开"选择文件"对话框，选择一个图形文件，就可以按照图块插入的方法插入图形。

（2）插入基点的设置。

图形文件作为图块来插入时插入基点是坐标原点（0.000，0.000，0.000），执行 BASE 命令，或选择"绘图" / "块" / "基点"命令后，系统提示输入基点，用户可以输入坐标来指定一点作为新的插入点，也可以用捕捉拾取特殊点。

（3）负比例因子。

在插入图块时，可以指定 X 和 Y 的比例因子为负值，让图块在插入时作镜像变换。例如图 8-4（a）所示 X 和 Y 的比例因子等于 1，图 8-4（b）所示 X 的比例因子等于－1，Y 的比例因子等于 1；图 8-4（c）所示，X 的比例因子等于 1，Y 的比例因子等于－1；图 8-4（d）所示 X 和 Y 的比例因子都等于－1。

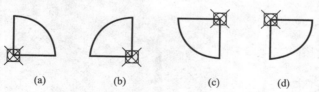

（a）　　　　　（b）　　　　　（c）　　　　　（d）

图 8-4　插入图块时比例因子正负号的应用情况

（4）保留图块的独立性。

不论图块多么复杂，它都会被系统视为单个对象。想要对图块进行修改，可用"分解"命令把图块分解，并编辑该块，选择创建块，在"块定义"对话框中用相同的名称重新定义块。如果想要在插入块后让图块自动分解，可以在"插入"对话框中选择"分解"复选框。还可以用块编辑器进行修改。

8.5 编辑块定义☆

块编辑器是一个独立的环境，用于为当前图形创建和更改块定义。还可以使用块编辑器向块中添加动态行为。打开块编辑器中的块定义，并对块定义进行修改。

1. 命令调用

（1）功能区："常用"选项卡 / "块"面板 / "块编辑器"。

（2）单击标准工具栏上的"块编辑器"按钮。

（3）下拉菜单："工具" / "块编辑器"。

（4）快捷菜单：选择一个块参照，在绘图区域中单击鼠标右键，单击"块编辑器"。

（5）命令行：BEDIT↙

2. 操作说明

执行 BEDIT 命令，系统会打开"编辑块定义"对话框，如图 8-5 所示。可以从图形中保存的块定义列表中选择要在块编辑器中编辑的块定义。也可以输入要在块编辑器中创建的新块定义的名称。

图 8-5 "编辑块定义"对话框

单击"确定"后，将关闭"编辑块定义"对话框，并显示块编辑器，如图 8-6 所示。如果从"编辑块定义"对话框的列表中选择了某个块定义，该块定义将显示在块编辑器中且可以编辑。

用户对图块进行编辑后，单击工具栏上的按钮"关闭块编辑器"，系统显示图 8-7 所示"块-未保存更改"提示对话框，如果单击"将更改保存到指北针（S）"，系统会关闭块编辑器，并确定对块定义的修改。

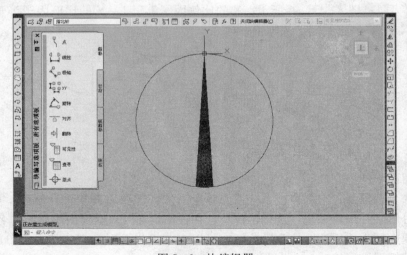

图 8-6 块编辑器

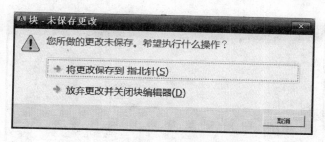

图 8-7 "关闭块编辑器"系统提示

8.6 图 块 的 属 性

8.6.1 属性的概念

属性是附加在图块上的文字信息,是将数据附着到块上的标签或标记,是图块的组成部分。用户可以定义带有属性的块,当插入带有属性的块时,可以输入图块的属性;当编辑图块时,其中的属性也会被编辑。

8.6.2 定义图块的属性

在定义图块之前,必须先定义该图块的属性。图块属性定义之后,该属性以其标记名称在图形中显示出来。

1. 命令调用

(1) 功能区:"常用"标签/"块"面板/"定义属性"。

(2) 下拉菜单:"绘图"/"块"/"定义属性"。

(3) 命令行:ATTDEF↙

2. 操作说明

选择功能区:"常用"标签/"块"面板/"定义属性"命令后,打开一个"属性定义"对话框,如图 8-8 所示。对话框中的主要项功能如下:

(1) "模式"选项组:用来设置在图形中插入块时,与块对应的属性值模式。

1) "不可见"复选框:选中该复选框,插入图块后,属性值不在图中显示。

2) "固定"选项框:选中该复选框,表示属性为固定值。

3) "验证"选项框:表示会提示输入两次属性值,以便验证属性值是否正确。

4) "预置"复选框:表示插入图块时把属性值预置为默认值。

5) "锁定位置"复选框:可以锁定属性在块中的位置。

6) "多行"复选框:表示属性值可以采用多行文字。

(2) "属性"选项组:用来设置属性的一些参数。

1) "标记"文本框:用来输入属性的显示标记。

2) "提示"文本框:确定插入图块时,系统提示用户输入属性值的提示信息。

3) "默认"文本框:用来输入属性的默认值。

(3) "插入点"选项组:用来指定图块属性的显示位置。选定"在屏幕上指定"复选框,可在绘图窗口拾取插入点,也可以直接在"X"、"Y"、"Z"三个文本框输入插入点的坐标。

(4) "文字设置"选项组:设置属性文字的格式。

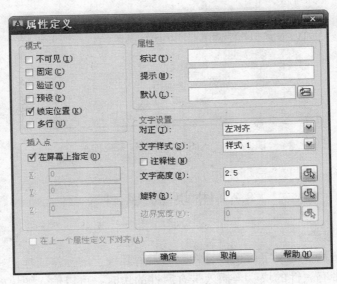

图 8-8 "属性定义"对话框

1)"对正"下拉列表框:设置属性文字的对齐方式。

2)"文字样式"下拉列表框:设置属性值的文字样式。

3)"文字高度"文本框:设置属性文字的高度。

4)"旋转"文本框:设置属性文字行的旋转角度。

5)"边界宽度"文本框:当属性值采用多行文字时,指定多行文字的最大长度。

(5)"在上一个属性定义下对齐"复选框:选定就表示此次属性设定采用上一次属性定义的参数。

"属性定义"对话框的各项内容设置完成后,单击"确定"按钮,系统完成一次属性定义操作,并在图形中按照指定的文字样式、对齐方式显示属性标记。

3. 创建带属性图块的步骤

(1)绘制出要制成图块的图形。

(2)选择下拉菜单:"绘图" / "块" / "定义属性",对所绘制的图形添加属性。

(3)单击"绘图"工具栏上"创建块"按钮来定义图块。

(4)命令行:WBLOCK↙,保存图块。

(5)单击"绘图"工具栏上"插入块"按钮来插入图块。

8.6.3 修改属性定义

定义属性之后,可以修改属性定义中的属性标记、提示及默认值。

1. 命令调用

(1)单击文字工具栏上"文字"按钮。

(2)下拉菜单:"修改" / "对象" / "文字" / "编辑"。

(3)定点设备:双击文字对象。

(4)快捷菜单:选择文字对象,在绘图区域中单击鼠标右键,然后单击"编辑"。

(5)命令行:DDEDIT↙

2. 操作说明

执行 DDEDIT 命令，系统提示：

选择注释对象或 [放弃（U）]：

在该提示下选择属性定义标记后，系统打开"编辑属性定义"对话框，如图 8-9 所示。可以通过该对话框修改属性定义的属性标记、提示和默认值等。

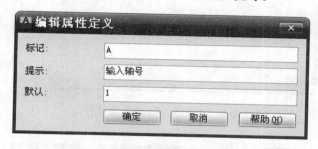

图 8-9 "编辑属性定义"对话框

8.6.4 编辑属性

编辑块中每个属性的值、文字选项和特性。

1. 命令调用

（1）功能区："常用"选项卡/"块"面板/"编辑单个属性"。

（2）单击"修改 II"工具栏上的"编辑属性"按钮。

（3）下拉菜单："修改"/"对象"/"属性"/"单个"。

（4）命令行：EATTEDIT

2. 操作说明

执行 EATTEDIT 命令，系统提示：

选择块：

在此提示下选择包含属性的块后，系统会打开"增强属性编辑器"对话框，如图 8-10 所示。双击含有属性的块，也会打开该对话框。

对话框中的主要项功能如下：

（1）"属性"选项卡：在该卡上的列表框中显示出块中每个属性的标记、提示和值，在列表框中选择某一属性，系统会在"值"文本框中显示出对应的属性值，用户可以在该文本框中修改属性值。

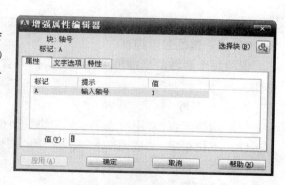

图 8-10 "增强属性编辑器"对话框

（2）"文字选项"选项卡：用于修改文字属性的格式。其对话框如图 8-11 所示。通过该对话框可以修改文字的样式、对齐方式、文字高度及文字行的旋转角度等。

（3）"特性"选项卡：用于修改属性文字的图层等，相应的对话框如图 8-12 所示。通过该对话框的下拉列表框或文本框进行设置、修改。

（4）"选择块"按钮：用于重新选择要编辑的块对象。

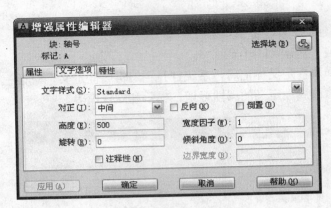

图 8-11 "文字选项"选项卡

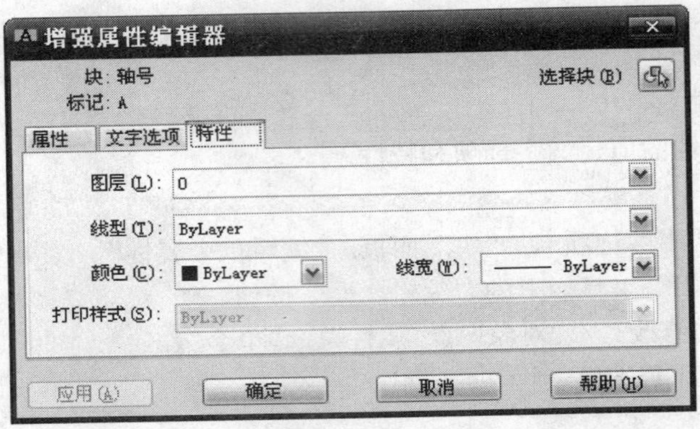

图 8-12 "特性"选项卡

(5)"应用"按钮：用于确认已做出的修改。

8.6.5　属性显示控制

保留每个属性的当前可见性设置。插入含有属性的块之后，可以单独控制各属性值的可见性。

1. 命令调用

(1) 功能区："常用"选项卡／"块"面板／"显示属性"。

(2) 下拉菜单："视图"／"显示"／"属性显示"。

(3) 命令行：ATTDISP✓

2. 操作说明

执行 ATTDISP 命令，系统提示：

输入属性的可见性设置［普通（N)/开（ON)/关（OFF)］＜普通＞：

"普通（N)"选项：表示将按定义属性时规定的可见性模式显示各属性值。

"开（ON)"选项：显示出所有的属性值。

"关（OFF)"选项：不显示任何属性值。

8.6.6　在图形中插入属性块

示例 1：练习带有属性块的创建和插入，以轴线编号为例，如图 8-13 所示。

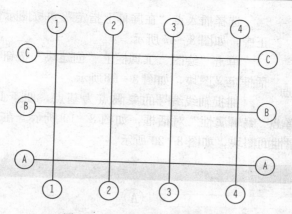

图 8-13 图块属性插入与编辑

操作步骤如下：

绘制轴线，如图 8-14 所示。

按照制图标准绘制轴线编号符号，如图 8-15 所示。

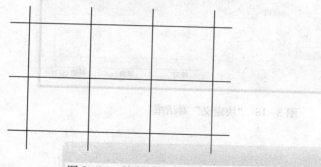

图 8-14 绘制轴线

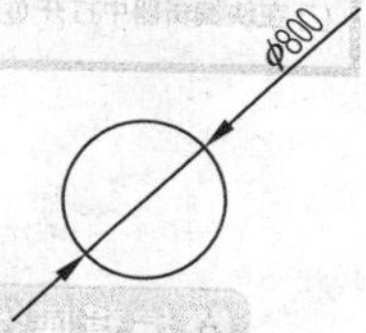

图 8-15 轴线编号符号

选择下拉菜单："绘图" / "块" / "定义属性"，对所绘制图形添加属性，设置如图 8-16 所示。

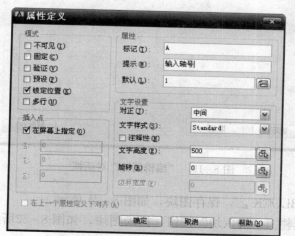

图 8-16 "属性定义"对话框

图 8-17　选择属性插入点

选择插入点"在屏幕上指定"并按图示位置放到轴线符号的正中，如图 8-17 所示。

单击"绘图"工具栏上"创建块"按钮，打开"块定义"对话框定义图块，如图 8-18 所示。

捕捉轴线编号的象限点为基点，便于此后插入块时操作方便，单击"确定"，将弹出"编辑属性"对话框，如图 8-19 所示。在"编辑属性"对话框单击"确定"，得到带属性的图块，如图 8-20 所示。

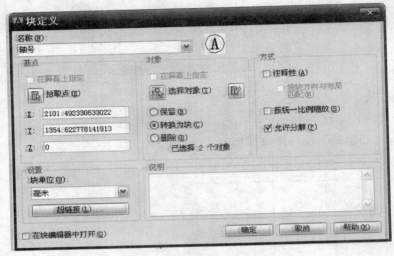

图 8-18　"块定义"对话框

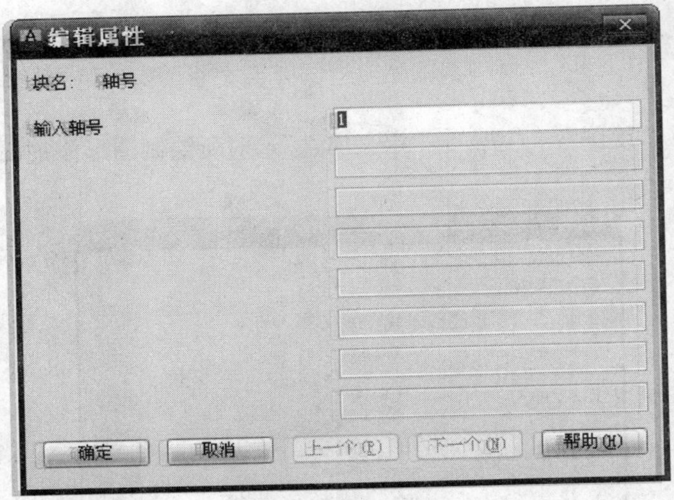

图 8-19　"编辑属性"对话框

从命令行输入：WBLOCK↙，保存图块，如图 8-21 所示。

单击"绘图"工具栏上"插入块"按钮，插入图块，如图 8-22 所示。在插入图块的过程中，要考虑图块比例与绘图比例一致。

在适当的位置插入块，同时在系统提示下在命令行输入具体的轴号，产生不同的标注效果。插入过程中可以充分利用捕捉命令，达到符号位置的要求。

示例2：绘制如图8-23所示的指北针图例。（练习使用写图块命令定义图块）

图8-20 选择属性插入点

图8-21 "写块"对话框

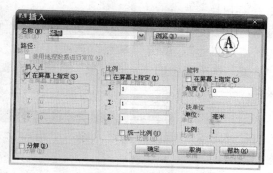

图8-22 "块定义"对话框

图8-23 指北针

1. 绘制指北针

指北针的作用是在图纸上标出正北方向。绘制结果如图8-23所示。先绘制外边的圆，然后绘制里边的指针外框，最后进行图案填充即可。绘制指北针的具体步骤如下：

（1）单击"绘图"工具栏中"圆"按钮，系统提示"指定圆的圆心或[三点（3P）两点（2P）相切、相切、半径（T）]"。

（2）输入2P，采用两点式（即圆直径的两个端点）绘制圆，则系统提示"指定圆直径的第一端点："。

（3）随便选取一点作为第一点即可，则系统提示"指定圆直径的第二端点："。

（4）采用相对坐标输入圆的直径：输入"@0，24"，则绘制出一个直径为24的圆。

（5）在命令行输入DS，按回车键，弹出"草图设置"对话框。在"对象捕捉"选项卡设置对象捕捉方式，包括"圆心"和"象限点"，采用直线命令捕捉上下两个象限点绘制一条竖直直线，如图8-24（a）所示。

（6）单击"偏移"按钮，使得直线向左右两边各偏移距离为各1.5mm，结果如图8-24

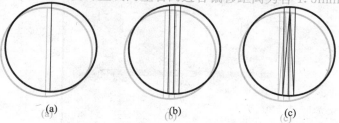

图8-24 绘制指北针
(a) 绘制圆与竖直直径；(b) 偏移直径；(c) 连接直线

(b) 所示。

(7) 单击"修剪"按钮，选取圆作为修剪边界，把偏移直线露在圆外面的部分除去。

(8) 单击"直线"按钮，按照图 8-24 (c) 所示连接两条直线。

(9) 单击"删除"按钮，删除三条直线。

(10) 单击"图案填充"，按钮，系统弹出"边界图案填充"对话框。单击"样例"后面填充图标，在弹出的"填充图案选顶板"对话框"其他预定义"选项卡中选择 SOLID 图标，单击"确定"按钮，返回"边界图案填充"对话框选择指针作为图案填充对象，把指针填成蓝色。

2. 保存图块

执行 BLOCK 命令，打开"块定义"对话框，如图 8-25 所示。"名称"下拉列表框中输入文件名"指北针"，单击"基点"选项组中的"拾取点"按钮，拾取指针的顶点为基点；单击"对象"选项组中的"选择对象"按钮，拾取第一步骤中绘制的指北针；按下"确定"按钮保存。

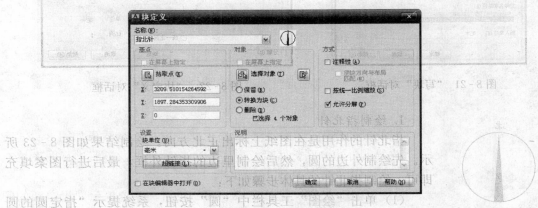

图 8-25 "块定义"对话框

从命令行输入 WBLOCK ↙，选择"指北针"图块，按下"确定"按钮，保存图块，如图 8-26 所示。

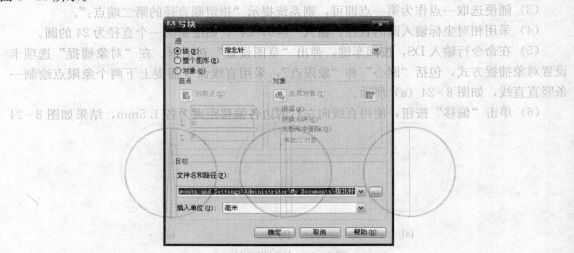

图 8-26 "写块"对话框

8.7 上 机 练 习

1. 绘制如图 8-27 所示的门、窗，并把它们创建为内部块。

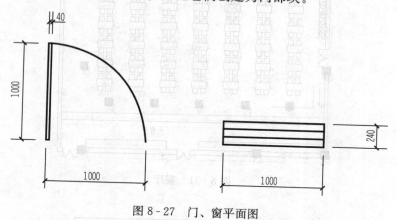

图 8-27 门、窗平面图

2. 绘制如图 8-28 所示的餐桌椅，并创建为内部块。
3. 绘制如图 8-29 所示的浴盆，并创建为外部块。

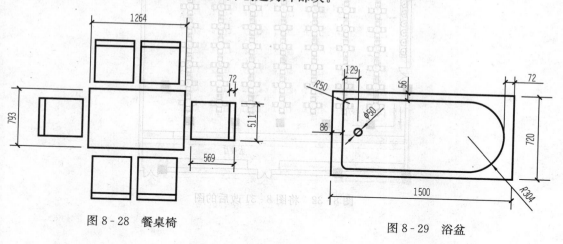

图 8-28 餐桌椅

图 8-29 浴盆

4. 设计如图 8-30 所示的标题栏，并创建为外部块。

设计单位名称	图纸名称	工程名称			
		审核		比例	
		设计		图号	
		制图		日期	

图 8-30 设计标题栏

5. 更新与替换图块

把图 8-31 所示的图改为图 8-32 所示的图，使 2 个图中的椅子不变，把桌子变为圆形，半径为原来桌子的宽度。（方法：把原来的图块用同名重新定义）

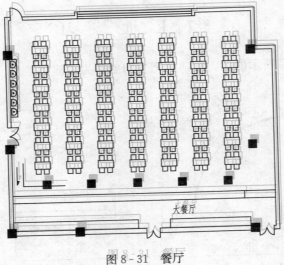

图 8-31 餐厅

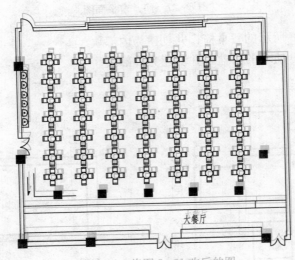

图 8-32 将图 8-31 改后的图

第9章　图形查询与打印

教学要点

★　图形属性查询
★　配置打印设备
★　创建打印布局
★　创建打印样式
★　打印参数设置

9.1　图形属性查询

每个图形对象都有自己的特征。例如，直线有长度、端点的坐标等；圆有圆心、半径等。除此之外，每个对象还有图层、颜色以及线型等特性。这些特性统称为对象的数据信息。用户利用 AutoCAD 2013 提供的查询功能，可以很方便地得到这些数据信息。

9.1.1　查询距离

利用系统提供的 DIST 命令，可以快速查询两个点之间的距离以及角度。

1. 命令调用

通过以下四种途径启动 DIST 命令。

(1) 功能区："工具"标签／"查询"面板／"距离"。

(2) 单击"查询"工具栏上的"距离"按钮。

(3) 下拉菜单："工具"／"查询"／"距离"。

(4) 命令行：DIST✓

2. 操作说明

单击"查询"工具栏上的"距离"按钮。

命令行给出如下提示：

指定第一点：确定第一点。

指定第二点：确定另一点。

命令行显示出对象两点之间的距离及其他相关信息。

测量如图 9-1 所示的线段 AB 的长度，命令提示如下：

命令：DIST

指定第一点：指定第二点：

距离＝298.8825，XY 平面中的倾角＝6，与 XY 平面的夹角＝0

X 增量＝297.1675，Y 增量＝31.9721，Z 增量＝0.0000

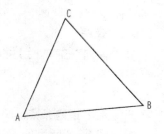

图 9-1　测量距离、面积、周长

9.1.2 查询面积和周长

计算以若干点为角点构成的多边形区域或由指定对象所围成区域的面积与边长，还可以进行面积的加、减运算。

1. 命令调用

通过以下四种途径启动 AREA 命令。

(1) 功能区："工具"标签/"查询"面板/"区域"。

(2) 单击"查询"工具栏上的"面积"按钮。

(3) 下拉菜单："工具"/"查询"/"面积"。

(4) 命令行：AREA↙

2. 操作说明

单击"查询"工具栏上的"面积"按钮。

命令行提示：

指定第一个角点或［对象（O）/加（A）/减（S）］：

"指定第一个角点"选项用于计算以指定点为顶点所构成的多边形的面积与周长。"对象"选项用于计算由指定对象所围成区域的面积。"加"选项可进入加入模式，即依次将计算出的新面积加到总面积中。"减"选项则可进入扣除模式，即把新计算的面积从总面积中扣除。测量如图 9-1 所示的三角形的面积和周长，命令行提示如下：

命令：AREA

指定第一个角点或［对象（O）/加（A）/减（S）］：

指定下一个角点或按 Enter 键全选：

指定下一个角点或按 Enter 键全选：

指定下一个角点或按 Enter 键全选：

面积＝35 717.7462，周长＝863.9473

9.1.3 查询点的坐标

1. 命令调用

查询指定点的坐标。

通过以下四种途径启动 ID 命令。

(1) 功能区："工具"标签/"查询"面板/"点坐标"。

(2) 单击"查询"工具栏上的"定位点"按钮。

(3) 下拉菜单："工具"/"查询"/"点坐标"。

(4) 命令行：ID↙

2. 操作说明

单击"查询"工具栏上的"定位点"按钮。

命令行提示：

指定点：

在此提示下指定某点，系统显示出该点的坐标值。

查询如图 9-2 所示的 D 点坐标，命令行提示如下：

命令：ID

指定点：X＝1804.7129   Y＝742.2723   Z＝0.0000

9.1.4　列表显示

使 AutoCAD 2013 以列表形式显示指定对象的数据库信息。

1. 命令调用

通过以下四种途径启动 LIST 命令。

（1）功能区：“常用”标签/“特性”面板/“列表”。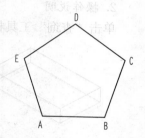

（2）单击“查询”工具栏上的“列表”按钮。

（3）下拉菜单：“工具”/“查询”/“列表”。

（4）命令行：LIST↵

图 9-2　查询 D 点坐标、
显示列表对象信息

2. 操作说明

单击“查询”工具栏上的“列表”按钮。

命令行提示：

选择对象：选择对象。

选择对象：也可以继续选择对象。

执行结果：系统切换到文本窗口，显示出所选择对象的数据库信息。

显示如图 9-2 所示的正五边形信息，命令行提示：

命令：LIST

选择对象：找到 1 个

选择对象：

```
        LWPOLYLINE    图层：0
                  空间：模型空间
            句柄＝132
        闭合
 固定宽度      0.0000
            面积    95105.6516
     周长    1175.5705
     于端点    X＝1804.7129    Y＝742.2723    Z＝0.0000
     于端点    X＝1614.5016    Y＝604.0757    Z＝0.0000
     于端点    X＝1687.1559    Y＝380.4689    Z＝0.0000
     于端点    X＝1922.2700    Y＝380.4689    Z＝0.0000
     于端点    X＝1994.9242    Y＝604.0757    Z＝0.0000
```

9.1.5　查询面域/质量特性

查询面域或三维实体的质量特性。

1. 命令调用

通过以下四种途径启动 MASSPROP 命令。

（1）功能区：“工具”标签/“查询”面板/“面域/质量特性”。

（2）单击“查询”工具栏上的“面域/质量特性”按钮。

（3）下拉菜单：“工具”/“查询”/“面域/质量特性”。

（4）命令行：MASSPROP↵

2. 操作说明

单击"查询"工具栏上的"面域/质量特性" ⌐ 按钮。

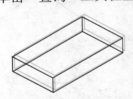

图 9-3　显示长边形的质量特性

系统提示：

选择对象：选择对象。

选择对象：也可以继续选择对象。

执行结果：系统切换到文本窗口，显示出所选择对象的质量特性信息。

显示如图 9-3 所示的长边形的质量特性，命令行提示如下：

选择对象：
————————————— 实体 —————————————

质量：	2120947.6920
体积：	2120947.6920
边界框：	X：1019.6441　——　1292.2911
	Y：440.3525　——　595.9345
	Z：0.0000　——　50.0000
质心：	X：1155.9676
	Y：518.1435
	Z：25.0000
惯性矩：	X：5.7546E+11
	Y：2.8490E+12
	Z：3.4210E+12
惯性积：	XY：1.2704E+12
	YZ：27473880499.3844
	ZX：61293672234.4298
旋转半径：	X：520.8869
	Y：1159.0035
	Z：1270.0180

主力矩与质心的 X-Y-Z 方向：

按 ENTER 键继续：

I：4720123978.4562 沿 [1.0000 0.0000 0.0000]

J：13580496717.7917 沿 [0.0000 1.0000 0.0000]

K：17416892491.2642 沿 [0.0000 0.0000 1.0000]

9.1.6　查询对象状态

1. 命令调用

通过以下三种途径启动 STATUS 命令。

(1) 功能区："工具"标签/"图形实用程序"面板/"状态"。 ▨

(2) 下拉菜单："工具" / "查询" / "状态"。

(3) 命令行：STATUS↙

2. 操作说明

下拉菜单："工具"／"查询"／"状态"。

命令：STATUS 93 个对象在 Drawing1. dwg 中

模型空间图形界限	X：	0.0000	Y：	0.0000	（关）
	X：	420.0000	Y：	297.0000	
模型空间使用	X：	759.9939	Y：	315.7272	
	X：	2066.2092	Y：	805.1552	＊＊超过
显示范围	X：	－959.6873	Y：	－131.8821	
	X：	2538.3493	Y：	1369.8927	
插入基点	X：	0.0000	Y：	0.0000	Z： 0.0000
捕捉分辨率	X：	10.0000	Y：	10.0000	
栅格间距	X：	10.0000	Y：	10.0000	

9.1.7　查询对象时间

1. 命令调用

通过以下三种途径启动 TIME 命令。

（1）功能区："工具"标签／"查询"面板／"时间"。🕐

（2）下拉菜单："工具"／"查询"／"时间"。

（3）命令行 TIME↙

2. 操作说明

下拉菜单："工具"／"查询"／"时间"。

可在"AutoCAD 2013 文本窗口"中生成一个报告，显示当前日期和时间、图形创建的日期和时间、最后一次更新的日期和时间以及图形在编辑器中的累计时间。

显示当前时间信息，AutoCAD 2013 文本窗口显示信息如下：

命令：TIME

当前时间：2013 年 4 月 20 日　9：30：30：656

此图形的各项时间统计：

创建时间：2013 年 4 月 20 日　8：13：18：468

上次更新时间：2013 年 4 月 20 日　8：13：18：468

累计编辑时间：0 days 01：17：12：484

消耗时间计时器（开）：0 days 01：17：12：500

下次自动保存时间：＜尚未修改＞

输入选项［显示（D）/开（ON）/关（OFF）/重置（R）］：

9.2　配 置 打 印 设 备

用 AutoCAD 2013 绘制工程图完成之后，可以通过计算机控制打印机或绘图仪将工程图输出到图纸，就是打印出图。

在系统进行打印之前，需要配置好打印设备。在进行打印配置时，有两种打印设备可供挑选：一种是 Windows 的系统打印机，另一种是在 Autodesk 打印机管理器中的打印机。一般 Windows 系统打印机用于桌面打印比较好，对于输出大幅面图纸的打印机，AutoCAD 2013 还提供了专业驱动程序，保证其能够达到很高的出图质量。

9.2.1　在 Windows 操作系统中设置

设置步骤如下：

（1）在"开始"菜单中选择"控制面板"，然后双击"打印机和传真"，将打开如图 9-4 所示的"打印机和传真"对话框。

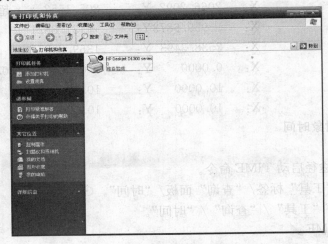

图 9-4　"打印机和传真"对话框

（2）在"打印机和传真"对话框中选择"添加打印机"，将出现如图 9-5 所示的"添加打印机向导"对话框。

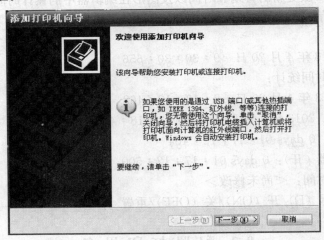

图 9-5　"添加打印机向导"对话框

（3）根据向导提示顺次单击"下一步"按钮，选择需要的打印机，安装该打印机及驱动程序。

9.2.2　在 AutoCAD 2013 中设置

设置步骤如下：

（1）在下拉菜单中选择命令："工具"/"向导""添加绘图仪"，出现"添加绘图仪－简介"对话框，如图 9-6 所示。

（2）根据向导提示顺次单击"添加绘图仪"对话框中"下一步"按钮，选择需要的打印机，并且安装该打印机的驱动程序。

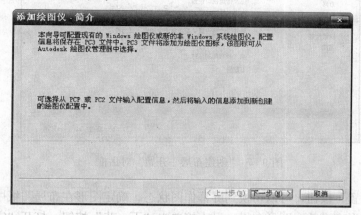

图 9-6 "添加绘图仪－简介"对话框

9.3 创建和管理图形布局

所谓布局相当于一个图纸空间环境，它模拟一张图纸并且提供预置的打印页面设置。还可以在一张图形中创建多个布局，每个布局都能够模拟图形打印在图纸上的效果。

在绘图窗口的下部是一个模型选项按钮和布局 1、布局 2 两个布局选项按钮。单击任一个布局选项按钮，系统会自动进入图纸空间环境，图纸上将出现一个虚显的矩形轮廓，并显示当前配置的打印设备的图纸尺寸，显示在图纸中的页边界及其图纸的可打印区域。

9.3.1 创建图形布局

当默认状态下的两个布局不能满足需要时，可以创建新的布局。常用的方法有以下两种。

1. 命令调用

（1）下拉菜单："插入"/"布局"/"布局向导"。

（2）命令行：LAYOUTWIZARD↙

2. 操作说明

执行上述命令后，系统出现"创建布局－开始"对话框，如图 9-7 所示。

下面介绍利用向导建立图形布局的过程：

（1）在"创建布局－开始"对话框内，输入新建图形布局的名称。

（2）单击"下一步"按钮，打开"打印机"对话框，选择输出设备。

（3）单击"下一步"按钮，打开"图纸尺寸"对话框，确定图纸大小和单位。

（4）单击"下一步"按钮，打开"方向"对话框，确定图纸输出的方向。

（5）单击"下一步"按钮，打开"标题栏"对话框，确定图框及标题栏格式。

（6）单击"下一步"按钮，打开"定义视口"对话框，确定视窗的比例和视窗形式，有四种确定视窗形式单选框可供选择。

（7）单击"下一步"按钮，打开"拾取位置"对话框，可以确定图形在图形布局图纸中范

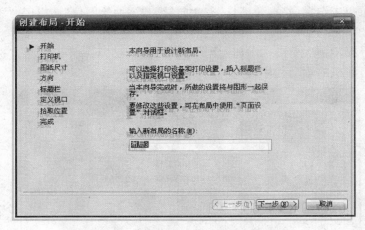

图 9-7 "创建布局—开始"对话框

围,单击"选择位置"按钮,可以切换到屏幕作图状态,确定图形在布局图纸中占据的位置范围,如果需要把图形充满整个图形布局,可直接单击"下一步"按钮,打开"完成"对话框。

(8) 在该对话框中,点击"完成"按钮,建立一个新图形布局。

9.3.2 页面设置

1. 命令调用

(1) 功能区:"输出"标签/"打印"面板/"页面设置管理器"。

(2) 下拉菜单:"文件"/"页面设置管理器"。

(3) 命令行:PAGESETUP↙

2. 操作说明

选择下拉菜单:"文件"/"页面设置管理器"命令。

系统打开"页面设置管理器"对话框,如图 9-8 所示。

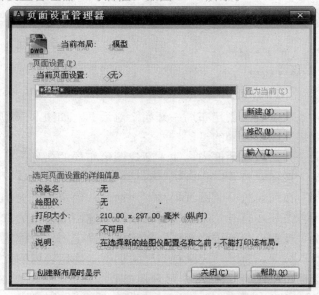

图 9-8 "页面设置管理器"对话框

对话框中的大列表框内会显示出当前图形已经有的页面设置，并在"选定页面设置的详细信息"框中显示出所指定页面设置的相关信息。对话框的右侧有"置为当前"、"新建"、"修改"和"输入"4个按钮，分别用于将在列表框中选中的页面设置设为当前设置、新建页面设置、修改在列表框中选中的页面设置以及从已有图形中导入页面设置。

在"页面设置管理器"对话框中单击"新建"按钮，系统打开如图9-9所示的"新建页面设置"对话框。

图9-9 "新建页面设置"对话框

在该对话框中选择基础样式，并输入新页面设置的名称后，单击"确定"按钮，系统打开"页面设置"对话框，如图9-10所示。用户可通过此对话框进行打印页面设置。

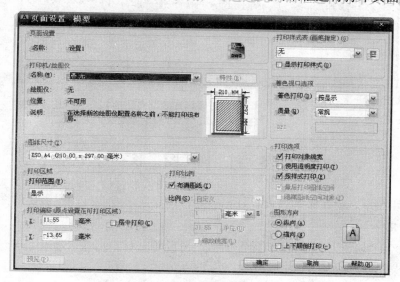

图9-10 "页面设置-模型"对话框

9.4 创建打印样式

打印样式设置管理，通常将某些属性（如颜色、线宽、线条尾端、接头样式、灰度等级等）设置给实体、图层、视口、布局等，这些设置给实体、图层、视窗、布局等属性的集合就是打印样式，设置不同的打印样式可以改变输出图形的外观。

1. 命令调用

（1）WINDOWS 操作系统："开始" / "控制面板" / "Autodesk 打印样式管理器"。

（2）功能区："输出" 标签/ "打印" 面板/ "打印样式管理器"。

（3）下拉菜单。

1）"文件"／"打印样式管理器"／"添加打印样式表"。

2）"工具"／"向导"／"添加打印样式表"。

（4）命令行：STYLEMANAGER↙

2．操作说明

执行上述命令后，系统打开"添加打印样式表"对话框，如图 9-11 所示。通过对该对话框的操作，完成新打印样式的设置。

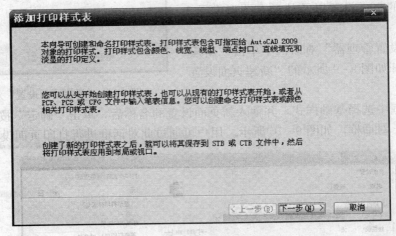

图 9-11　"添加打印样式表"对话框

9.5　打　印　图　形

用户在打印图形之前还必须要设置好相关的打印参数，才能打印出需要的图形。

1．命令调用

（1）功能区："输出"标签／"打印"面板／"打印"。📇

（2）下拉菜单："文件"／"打印"。

（3）单击"标准"工具栏上"打印"📇按钮。

（4）命令行：PLOT↙

2．操作说明

执行上述命令后，系统打开如图 9-12 所示的"打印-模型"对话框，在该对话框中可以对打印的一些参数进行设置。

"打印-模型"对话框简介如下：

（1）"页面设置"选项组：在该选项组内的"名称"下拉列表框中选择所需要的页面设置名称，还可以单击"添加"按钮添加其他的页面设置，如果没有进行页面设置，也可以选择"无"选项。

（2）"打印机/绘图仪"选项组：可以选择要使用的绘图仪或打印机。选择"打印到文件"复选框，则图形输出到文件后再打印。

（3）"图纸尺寸"选项组：可以选择合适的图纸幅面，并且在右上角可以预览图纸幅面

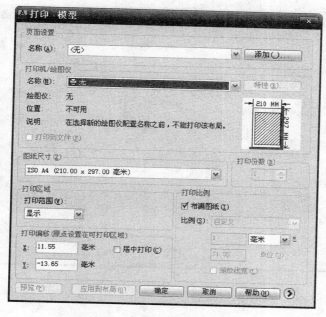

图 9-12 "打印-模型"对话框

的大小。

(4)"打印区域"选项组：在该选项组中，用户可以通过四种方法来确定打印范围。

1)"显示"选项：打印选定的是"模型"空间当前视口中的视图或者布局中的当前图纸空间视图。

2)"窗口"选项：可以打印指定矩形窗口中的图形，这是在"模型"空间打印图形时最常用的方法。

3)"图形界限"选项：表示打印布局时，会打印指定图纸尺寸的页边距内的所有内容，其原点从布局中的（0，0）点计算得出。在"模型"空间打印时，会打印图形界限范围内的全部图形。

4)"显示"选项：表示将打印当前显示的图形。

(5)"打印比例"选项组：在该选项组中，选定"布满图纸"复选框后，其他选项显示均为灰色。取消"布满图纸"复选框，用户可以设置打印比例。

(6)展开"打印"对话框：单击"打印"对话框右下角的圆按钮，出现"打印"对话框，如图 9-13 所示。

(7)"打印样式表"选项组：在该选项组的下拉列表框中选择合适的打印样式表。

(8)"图纸方向"选项组：选择图形打印的方向和文字的位置，分别为纵向和横向；如果选中"反向打印"复选框，打印出来的内容会出现反向。

(9)其他选项为系统默认值。

(10)"预览"按钮：可以对打印图形效果进行预览，如果对某些设置不满意可以返回修改。在预览中，按回车键或 Esc 键可以退出预览返回"打印"对话框。

(11)"确定"按钮：单击该按钮进行图形打印。

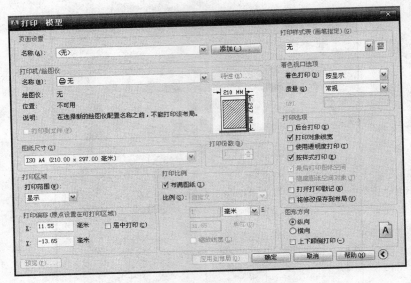

图 9-13 "打印"对话框

9.6 打 印 示 例

用 A4 纸张打印如图 9-14 所示的住宅楼建筑正立面图。

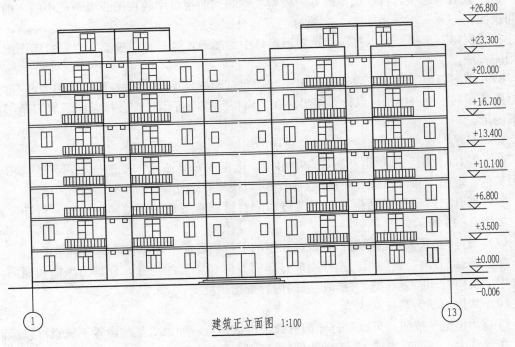

建筑正立面图 1:100

图 9-14 住宅楼建筑正立面图

上机操作的步骤如下：

（1）连接打印机：安装打印机的配套驱动程序。

（2）设置打印的参数：在菜单栏文件的下拉菜单中选择"打印"选项，会打开"打印-模型"对话框，在此对话框里设置打印参数。

1）在"打印机绘图仪"列表框中选定已经安装的打印机。

2）在"图纸尺寸"列表框中选定 A4 打印纸。

3）在"打印区域"选项组中选定"窗口"选项，然后单击"窗口"按钮，用户可以在绘图区域确定打印范围，图 9-14 的左下角和右上角。

4）在"打印偏移"选项组选定居中打印。

5）在"打印比例"选项组中选定布满图纸。

6）在"图形方向"选项组中选定横向。

7）其他选项默认。打印设置如图 9-15 所示。

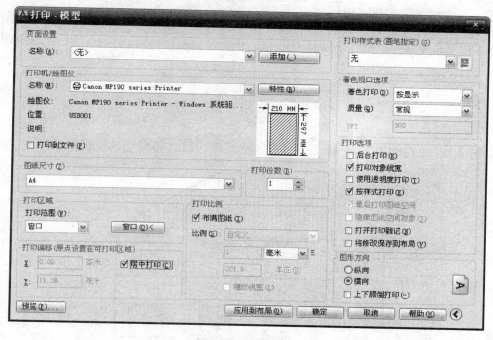

图 9-15 打印设置

（3）打印预览：单击"预览"按钮，预览观察图形的打印效果如图 9-16 所示。如果不合适，可以重新进行设置，预览结束之后，按回车键可以返回"打印"对话框。

（4）打印：单击"确定"按钮，关闭对话框，打印机立即开始打印。

打印效果如图 9-14 所示。

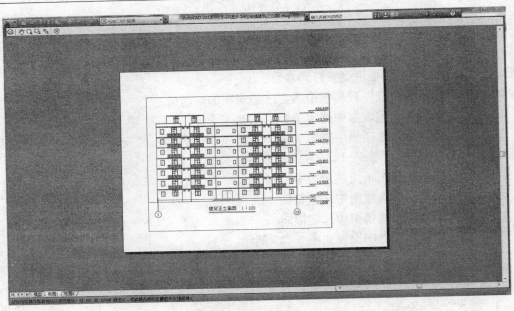

图 9-16　打印预览

9.7　上　机　练　习

1. 用 A4 纸张打印如图 9-17 所示的建筑立面图（11.3 节所绘的建筑立面图）。

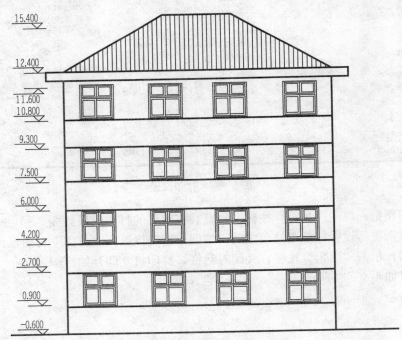

正立面图1:100

图 9-17　建筑立面图

2. 用 A4 纸张打印如图 9 - 18 所示的房屋剖面图（11.4 节所绘的建筑剖面图）。

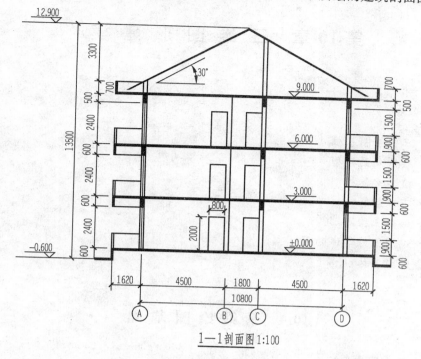

1—1剖面图1:100

图 9 - 18　房屋剖面图

第 10 章 三维图形建模

教学要点

★ 三维绘图基础
★ 绘制表面模型
★ 绘制实体模型
★ 布尔运算
★ 编辑三维图形
★ 编辑三维实体的面
★ 渲染实体

10.1 三维绘图基础

10.1.1 建立用户坐标系

在绘制二维平面图形时,采用的是平面坐标系。而要创建和观察三维图形,就必须要使用三维坐标系。在三维坐标系中有世界坐标系、用户坐标系之分,同样可以使用直角坐标或极坐标方法来定义点,而且也有相对坐标和绝对坐标之分。

1. 世界坐标系

世界坐标系 WCS,也称三维直角坐标(三维笛卡儿坐标)是系统的基本坐标系,由 3 个相互垂直并相交的坐标轴 X、Y、Z 构成。世界坐标系 X 轴正方向水平向右,Y 轴正方向垂直向上,Z 轴正方向垂直屏幕平面向外指向用户。世界坐标系的原点位于绘图窗口左下角,是一个"□"标记的图标,如图 10-1 所示。三维直角坐标值是表示沿 X、Y 和 Z 轴相对于坐标原点 (0,0,0) 的距离及其方向。例如坐标 (50,80,100) 表示此点与坐标原点在 X 轴方向上的距离为 50,在 Y 轴方向上的距离为 80,在 Z 轴方向上的距离为 100。

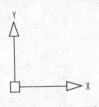

图 10-1 WCS 图标

2. 用户坐标系

为了方便绘制三维图形,用户可以修改坐标系的原点和方向创建自己的坐标系 UCS。在三维绘图时,UCS 坐标系很有用,可以沿任何方向、在任意位置上建立 UCS,UCS 坐标系原点没有"□"标记的图标,如图 10-2 所示。

(1) 命令调用。

1) 使用"UCS"工具栏中的按钮,如图 10-3 所示。

2) 功能区:"视图"标签/"UCS"面板/"世界"。

3) 下拉菜单:"工具"/"新建 UCS"选项。

图 10-2 UCS 图标

4）命令行：UCS✓

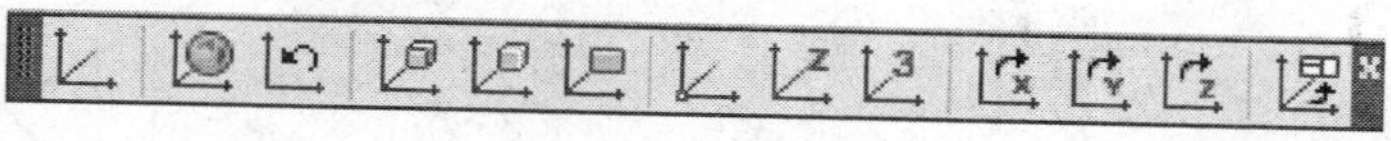

图 10 - 3 "UCS" 工具栏

（2）操作说明。

1）在命令行中输入 UCS 后，系统提示如下：

命令：UCS✓

当前 UCS 名称：＊世界＊

指定 UCS 的原点或［面（F）/命名（NA）/对象（OB）/上一个（P）/视图（V）/世界（W）/X/Y/Z/Z 轴（ZA）］＜世界＞：

2）其中各个选项含义如下：

面：将 UCS 与实体对象的选定面对齐。选择一个面，在此面的边界内或者面的边上单击，被选中的面将亮显，UCS 的 X 轴将与找到的第一个面上的最近的边对齐。

命名：按名称保存并且恢复通常使用的 UCS 方向。

对象：根据选定实体对象定义新的坐标系。新建 UCS 的拉伸方向即 Z 轴正方向与选定对象的拉伸方向相同。

上一个：从当前坐标系恢复到上一个坐标系。

视图：以垂直于观察方向的平面为 XY 平面，建立新的坐标系，UCS 原点保持不变。

世界：把当前用户坐标系恢复为世界坐标系。WCS 是所有用户坐标系的基准，不能被重新定义。

X/Y/Z：把当前 UCS 绕 X/Y/Z 轴旋转指定的角度。

Z 轴：用指定原点和指定一点为 Z 轴正方向的方法创建新的 UCS。

3. 其他坐标

在三维空间中创建对象时，除了可以使用笛卡儿坐标以外，还可以使用柱面坐标或球面坐标定位点。

（1）柱面坐标。

柱面坐标通过 XY 平面中与 UCS 原点之间的距离、XY 平面中与 X 轴的角度以及 Z 值来确定精确的位置，如图 10 - 4 所示。其表示说明如下：

绝对坐标：XY 平面距离＜XY 平面角度，Z 轴坐标。

相对坐标：@XY 平面距离＜XY 平面角度，Z 轴坐标。

例如，（100＜60，30）和（@45＜30，60）都是合法的球面坐标。

（2）球面坐标。

球面坐标通过指定某个位置距当前 UCS 原点的距离、在 XY 平面中与 X 轴所成的角度以及与 XY 平面所成的角度来指定该位置，如图 10 - 5 所示。其表示说明如下：

绝对坐标：XYZ 距离＜XY 平面角度＜与 XY 平面的夹角。

相对坐标：@XY 距离＜XY 平面角度＜与 XY 平面的夹角。

例如，（80＜60＜30）和（@50＜30＜60）都是合法的球面坐标。

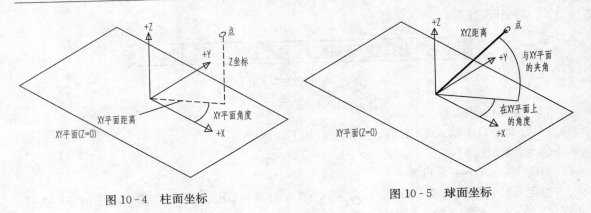

图 10-4   柱面坐标   图 10-5   球面坐标

10.1.2 三维显示方式

视点是指观察图形的方向。相同的图形在不同的视点所观测的结果是不一样的，用户可以从不同的视点、不同的角度来观察整个图形的效果，例如在平面视图和三维视图中观察到的立方体，如图 10-6 所示。

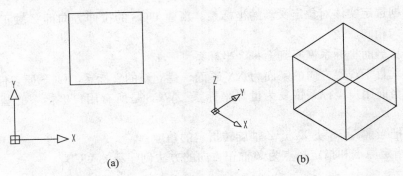

图 10-6   不同视图中的立方体

<table>
<tr><td width="40%">

图 10-7 "视点预设"对话框

</td><td>

1. 使用"视点预设"对话框设置视点

（1）命令调用。

①下拉菜单："视图"/"三维视图"/"视点预设"。

②命令行操作：DDVPOINT↙

（2）操作说明：

执行上述操作，将出现"视点预设"对话框，如图 10-7 所示，为当前视口设置视点，其中各选项含义如下：

1）设置观察角度：相对于世界坐标系 WCS 或者用户坐标系 UCS 设置查看方向。

绝对于 WCS：相对于 WCS 设置查看方向。

相对于 UCS：相对于当前 UCS 设置查看方向。

2）自：指定观察角度。

</td></tr>
</table>

X 轴：指定与 X 轴的角度。

XY 平面：指定与 XY 平面的角度。

3）设置为平面视图：设置查看角度以相对于选定坐标系显示平面视图（XY 平面）。

2. VPOINT 视点

使用"视点"命令可以为当前窗口设置视点，该视点是相对于世界坐标系的。

（1）命令调用。

1）下拉菜单：选择"视图"/"三维视图"/"视点"。

2）命令行：VPOINT ↙

（2）操作说明。

执行 VPOINT 命令后，绘图窗口将显示罗盘，如图 10 - 8 所示。命令行提示：

命令：VPOINT ↙

当前视图方向：VIEWDIR=0.0000，0.0000，1.0000

指定视点或［旋转（R）］＜显示坐标球和三轴架＞：↙

其中命令中各选项含义如下：

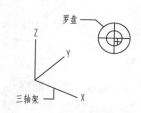

图 10 - 8　使用罗盘定义视点

视点：在绘图窗口指定一点作为视点方向。

旋转：设置新视点与 X 轴的夹角、与 XY 平面的夹角作为视点方向。

显示坐标球和三轴架：显示坐标球和三轴架，用来定义视口中的观察方向。用户可以使用鼠标将指针上的十字光标在坐标球体的任意位置上移动，三轴架将根据坐标球指示的观察方向旋转。

3. 使用"三维视图"菜单设置视点

除了上述方法外，通过"三维视图"菜单也可以设置不同方位的视点。选择"视图"菜单中的"三维视图"选项，打开子菜单，如图 10 - 9 所示。也可以使用前面讲述的方法"视图"工具栏来设置视点，如图 10 - 10 所示。还有等轴测视图 UCS 图标，如图 10 - 11 所示。

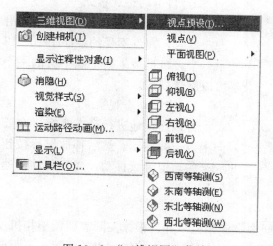

图 10 - 9　"三维视图"菜单

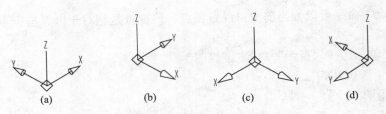

图 10-10　"视图"工具栏

图 10-11　等轴测视图 UCS 图标
（a）西南等轴测视图图标；（b）东南等轴测视图图标；
（c）东北等轴测视图图标；（d）西北等轴测视图图标

10.1.3　动态观察

动态观察是 AutoCAD 2013 的一个交互控制三维对象的工具，用户可以通过动态观察器从不同的高度、角度和距离查看图形中的对象。

（1）命令调用。

1）单击"动态观察"工具栏上的"受约束的动态观察"按钮。

2）下拉菜单："视图"/"动态观察"/"受约束的动态观察"。

3）命令行：3DORBIT↙

（2）操作说明。

1）受约束动态观察。

沿 XY 平面或 Z 轴约束三维动态观察。启动命令后有指针显示，此时按住鼠标左键拖动鼠标，如果水平拖动，模型将平行于世界坐标系的 XY 平面移动；如果垂直拖动，模型将沿 Z 轴移动。

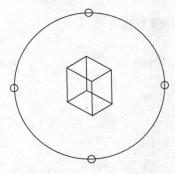

2）自由动态观察。

在任意方向上进行动态观察。沿 XY 平面和 Z 轴进行动态观察时，视点不受约束如图 10-12 所示，绘图窗口中会显示一个转盘是被 4 个小圆平分的一个大圆。点击并拖动光标可以旋转视图。

3）连续动态观察。

可以连续地进行动态观察。在要连续动态观察移动的方向上点击并拖动，然后释放鼠标按钮，实体对象会自动沿着原来的轨道继续移动，光标移动的速度决定了实体对象的旋转速度。

图 10-12　自由动态观察

10.1.4　使用相机

用户可以在模型空间中放置相机，并且根据实际需要调整相机设置来定义三维视图。可以在图形中打开或者关闭相机，使用夹点来编辑相机的位置、焦距或者目标。可以通过位置 X，Y，Z 坐标、目标 X，Y，Z 坐标和视野/焦距来定义相机。还可以定义剪裁平面，建立起关联视图的前后边界。其属性如下：

（1）位置：定义要观察三维模型的起点。

（2）目标：指定视图中心的坐标来定义要观察的点。

（3）焦距：定义相机镜头的倍率或者缩放比例。焦距越大，视野越窄。

（4）前向和后向剪裁平面：指定剪裁平面的位置。剪裁平面是定义或者剪裁视图的边界。在相机视图中，将隐藏相机与前向剪裁平面之间的所有实体对象。同样隐藏后向剪裁平面与目标之间的所有实体对象。

1. 创建相机

（1）命令调用。

1）单击"视图"工具栏上的"创建相机" 按钮。

2）下拉菜单：选择"视图"/"创建相机"。

3）命令行：CAMERA↙

（2）操作说明。

1）启动命令。

执行上述方法后，绘图窗口中的光标位置会出现一个相当于相机的线框，并且提示用户指定相机位置。

2）执行命令。

在绘图窗口中单击指定相机位置和目标位置后，命令行提示：

输入选项 [？/名称（N）/位置（LO）/高度（H）/坐标（T）/镜头（LE）/剪裁（C）/视图（V）/退出（X）] ＜退出＞：

在该命令提示下，可以指定要创建的相机名称、相机位置、高度、坐标位置和镜头长度等，设置完成后按回车键结束。

命令：CAMERA↙

当前相机设置：高度＝0　镜头长度＝50 毫米

指定相机位置：指定相机的位置。

指定目标位置：指定目标的位置。

输入选项 [？/名称（N）/位置（LO）/高度（H）/坐标（T）/镜头（LE）/剪裁（C）/视图（V）/退出（X）] ＜退出＞：输入相机选项。

观察效果如图 10 - 13 所示。

2. 相机预览

创建了相机后，选中相机时将会打开"相机预览"窗口。可以通过"视觉样式"下拉列表框设置预览框中图形显示的效果。

3. 运动路径动画

（1）功能区："工具"标签/"动画"面板/"动画运动路径"。

（2）下拉菜单："视图"/"运动路径动画"。

（3）命令行：ANIPATH↙

选择下拉菜单："视图"/"运动路径动画"，打开"运动路径动画"对话框，创建相机沿设置的运动路径观察对象的动画，如图 10 - 14 所示。

在"运动路径动画"对话框中指定运动路径动画的设置并创建动画文件。

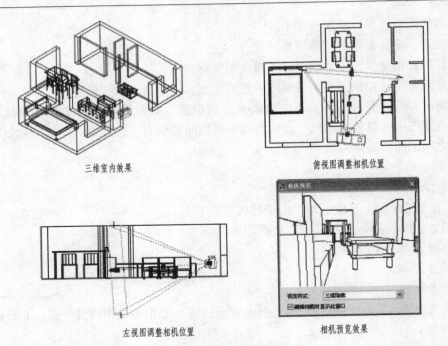

三维室内效果　　　　　　　　　　　俯视图调整相机位置

左视图调整相机位置　　　　　　　相机预览效果

图 10 - 13　使用相机观察图形

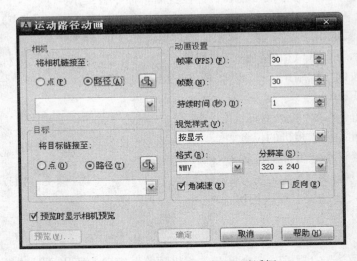

图 10 - 14　"运动路径动画"对话框

1）相机选项区：设置相机链接到的点或者路径，使相机位于指定点观测图形或者沿路径观察图形。

2）目标选项区：设置相机目标链接到的点或者路径。

3）动画设置选项区：设置动画的帧率、帧数、持续时间和分辨率等属性。

单击"预览"按钮，可以打开"动画预览"对话框预览动画播放效果，然后按下"确定"按钮完成设置。

10.1.5 漫游和飞行

1. 漫游

交互式更改三维图形的视图，使用户就像在模型中漫游一样。命令调用如下：

(1) 功能区："三维导航" / "漫游" 🚶。

(2) 快捷菜单：启动任意三维导航命令，在绘图区域中单击鼠标右键，然后依次单击"其他导航模式" / "漫游"。

(3) 下拉菜单："视图" / "漫游和飞行" / "漫游"。

(4) 单击"三维导航"工具栏上的"漫游" 🚶 按钮。

(5) 命令行：3DWALK ✓

2. 飞行

交互式更改三维图形的视图，使用户就像在模型中飞行一样。命令调用如下：

(1) 功能区："工具" / "标签" / "动画"面板 / "飞行" ✈。

(2) 快捷菜单：启动任意三维导航命令，在绘图区域中单击鼠标右键，然后依次单击"其他导航模式" / "飞行"。

(3) 下拉菜单：选择"视图" / "漫游和飞行" / "飞行"。

(4) 单击"三维导航"工具栏上的"飞行" ✈ 按钮。

(5) 命令行：3DFLY ✓

3. 操作说明

(1) "定位器"选项板。

执行上述操作，将打开"定位器"选项板和"漫游和飞行导航映射"对话框，如图 10 - 15、图 10 - 16 所示。

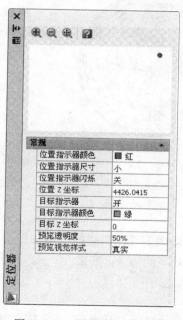

图 10 - 15 "定位器"选项板

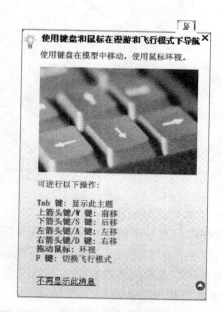

图 10 - 16 "漫游和飞行导航映射"对话框

"漫游和飞行导航映射"对话框显示控制漫游和飞行模式的键盘和鼠标控件，"定位器"选项板用于显示三维模型的俯视图位置，用户可以通过拖动改变指示器的位置。在"基本"选项区域中可以设置位置指示器的颜色、尺寸以及是否闪烁等属性。

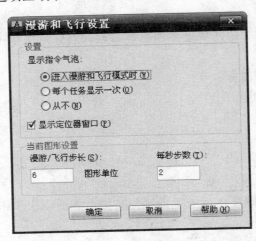

图 10-17　"漫游和飞行设置"对话框

（2）设置漫游和飞行。

选择菜单"视图"/"漫游和飞行"/"漫游和飞行设置"选项，可以打开"漫游和飞行设置"对话框，如图 10-17 所示。通过该对话框，可以设置显示指令气泡的时机、是否显示定位器窗口，以及当前图形设置漫游和飞行的步长和每秒步数。

10.1.6　观察三维图形

在 AutoCAD 2013 中，有比较多的方法观察三维图形，可以选择"视图"菜单对图形执行"缩放"、"平移"或"鸟瞰视图"等命令，来观察三维图形的整体或者局部。还可以通过消隐、设置系统变量和视觉样式等方法来观察三维图形。

1. 消隐三维图形

为了更好地观察三维图形，可以采用"视图"菜单中的"消隐"选项，将视线中看不到的部分隐藏起来，如图 10-18 所示。执行消隐操作命令之后，绘图窗口无法进行"缩放"和"平移"操作命令，这时可以从菜单中执行"重生成"命令，重生成图形。

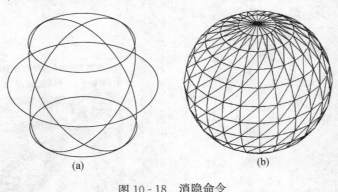

(a)　　　　　　　　　　(b)

图 10-18　消隐命令
(a) 消隐前；(b) 消隐后

2. 改变三维图形的曲面轮廓素线

设置图形曲线显示所用的网线条数是用系统变量 ISOLINES 控制的。增加图形的网线条数，可以使图形更接近三维实物。系统默认 ISOLINES 值为 4，如图 10-19（a）所示。当该值为 0 时，图形曲面没有网线，当该值为 30 时，如图 10-19（b）所示。

3. 以线框显示实体轮廓

三维实体轮廓边在二维线框或三维线框视觉样式中的显示是用系统变量 DISPSILH 控制的。当 DISPSILH＝1 时，此命令打开；当 DISPSILH＝0 时，此命令关闭。

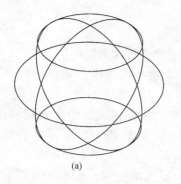 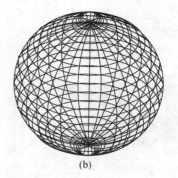

图 10 - 19 修改轮廓素线

(a) ISOLINES＝4；(b) ISOLINES＝30

在二维线宽视觉样式中使用 HIDE 时，DISPSILH 还会禁止显示网格，如图 10 - 20 所示。

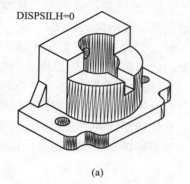 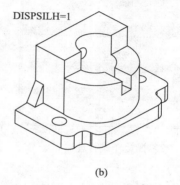

图 10 - 20 修改轮廓

4. 改变实体表面的平滑度

调整着色对象和删除隐藏线的对象平滑度是由系统变量 FACETRES 控制的。有效值为 0.01～10.0。数值越大，曲面越平滑，如图 10 - 21 所示。

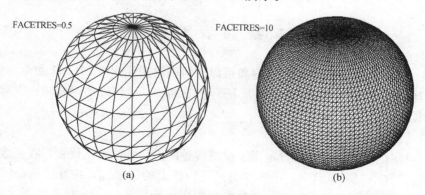

图 10 - 21 修改平滑度

5. 视觉样式

为了更加形象地显示三维图形，系统提供了"视觉样式"命令。该命令可以让三维图形对象以不同的样式显现。

（1）命令调用。

1）下拉菜单："视图"/"视觉样式"/"视觉样式管理器"。

图 10 - 22　视觉样式管理器

2）命令行操作：VISUALSTYLES↙

（2）操作说明。

在"视觉样式"命令中提供了 10 种默认视觉样式，如图 10 - 22 所示，各选项的含义分别如下：

1）二维线框：显示用直线和曲线表示边界的对象。光栅和 OLE 对象、线型和线宽均可见。

2）三维线框：显示用直线和曲线表示边界的对象。

3）三维隐藏：显示用三维线框表示的对象并隐藏表示后向面的直线。

4）真实：着色多边形平面间的对象，并使对象的边平滑化。显示已附着到对象的材质。

5）概念：着色多边形平面间的对象，并使对象的边平滑化。着色使用古氏面样式，是一种冷色和暖色之间的过渡而不是从深色到浅色的过渡。效果缺乏真实感，但是可以很方便地查看模型的细节。

6）着色：使用平滑着色显示对象。

7）带边缘着色：使用平滑着色显示对象，并显示可见边。

8）灰度：使用平滑着色和单色灰度显示对象，并显示可见边。

9）勾画：使用线延伸和抖动边修改器显示手绘效果的对象，仅显示可见边。

10）X 射线：以局部透视的方式显示对象，不匀见边也会褪色显示。

10.2　绘制表面模型☆

在 AutoCAD 2013 中，创建网格对象可以使用网格图元建模 MESH 命令，创建长方体、圆锥体、圆柱体、棱锥体、球体、楔体、圆环体等网格，也可以使用旋转、平移、直纹、边界网格等创建命令。

10.2.1　设置网格特性

用户可以在创建网格的前后设定用于控制各种网格特性的默认设置。在三维建模工作空间的功能区："常用"选项卡中，单击"图元"面板上的按钮↘，打开"网格图元选项"对话框，可以为创建的每种类型的网格对象设定镶嵌细分数量，如图 10 - 23 所示。

在三维建模工作空间的功能区："常用"选项卡中，单击"网格"面板上的按钮↘，打开"网格镶嵌选项"对话框，可以为转换为网格的三维实体或者曲面设定默认特性。

在默认的情况下，创建的网格图元对象平滑度为零，可以使用 MESH 命令的"设置"

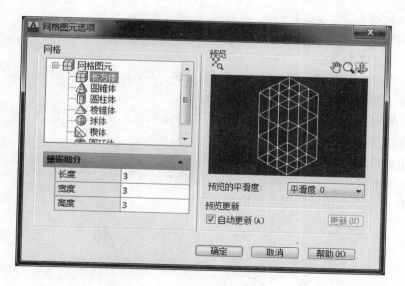

图 10 - 23 "网格镶嵌选项"对话框

选项改变默认设置。命令调用如下：

命令：MESH↙

当前平滑度设置为：0↙

输入选项［长方体（B）/圆锥体（C）/圆柱体（CY）/棱锥体（P）/球体（S）/楔体（W）/圆环体（T）/设置（SE）］＜长方体＞：SE↙

指定平滑度或［镶嵌（T）］＜0＞：输入 0～4 的平滑度。

10.2.2 绘制三维网格图元

1. 利用 MESH 命令可以创建七类三维网格图元

（1）命令调用。

命令行：MESH↙

（2）操作说明。

输入 MESH 命令，按回车键。再从长方体网格、圆锥体、圆柱体、棱锥体、球体、楔体、圆环体中选择任意一种三维网格，然后输入选项后面的字母按"回车"键就可以创建。

2. 长方体网格

命令：MESH↙

当前平滑度设置为：0↙

输入选项［长方体（B）/圆锥体（C）/圆柱体（CY）/棱锥体（P）/球体（S）/楔体（W）/圆环体（T）/设置（SE）］＜长方体＞：B↙

指定第一个角点或［中心（C）］：在绘图窗口指定一点。

指定其他角点或［立方体（C）/长度（L）］：@200，150，0↙

指定高度或［两点（2P）］＜0.0001＞：100↙

绘制如图 10 - 24 所示的长方体网格。

3. 圆锥体网格

命令：MESH↙

当前平滑度设置为：0。

输入选项［长方体（B）/圆锥体（C）/圆柱体（CY）/棱锥体（P）/球体（S）/楔体（W）/圆环体（T）/设置（SE）］＜长方体＞：C↙

指定底面的中心点或［三点（3P）/两点（2P）/切点、切点、半径（T）/椭圆（E）］：在绘图窗口指定一点。

指定底面半径或［直径（D）］：100↙

指定高度或［两点（2P）/轴端点（A）/顶面半径（T）］＜100.0000＞：300↙

绘制如图 10 - 25 所示的圆锥体网格。

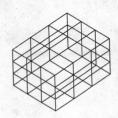

图 10 - 24　长方体网格　　　　　图 10 - 25　圆锥体网格

4. 圆柱体网格

命令：MESH↙

当前平滑度设置为：0↙

输入选项［长方体（B）/圆锥体（C）/圆柱体（CY）/棱锥体（P）/球体（S）/楔体（W）/圆环体（T）/设置（SE）］＜圆锥体＞：CY↙

指定底面的中心点或［三点（3P）/两点（2P）/切点、切点、半径（T）/椭圆（E）］：在绘图窗口指定一点。

指定底面半径或［直径（D）］＜100.0000＞：100↙

指定高度或［两点（2P）/轴端点（A）］＜300.0000＞：300↙

绘制如图 10 - 26 所示的圆柱体网格。

5. 棱锥体网格

命令：MESH↙

当前平滑度设置为：0↙

输入选项［长方体（B）/圆锥体（C）/圆柱体（CY）/棱锥体（P）/球体（S）/楔体（W）/圆环体（T）/设置（SE）］＜圆柱体＞：P↙

4 个侧面　外切

指定底面的中心点或［边（E）/侧面（S）］：E↙

指定边的第一个端点：在绘图窗口指定一点。

指定边的第二个端点：@200，0，0↙

指定高度或［两点（2P）/轴端点（A）/顶面半径（T）］＜300.0000＞：↙

绘制如图 10 - 27 所示的棱锥体网格。

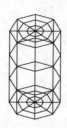 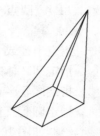

图 10 - 26 圆柱面网格　　　　　　图 10 - 27　棱锥体网格

6. 球体网格

命令：MESH↙

当前平滑度设置为：0↙

输入选项［长方体（B）/圆锥体（C）/圆柱体（CY）/棱锥体（P）/球体（S）/楔体（W）/圆环体（T）/设置（SE）］＜棱锥体＞：S↙

指定中心点或［三点（3P）/两点（2P）/切点、切点、半径（T）］：在绘图窗口指定一点。

指定半径或［直径（D）］＜100.0000＞：↙

绘制如图 10 - 28 所示的球体网格。

7. 楔体网格

命令：MESH↙

当前平滑度设置为：0↙

输入选项［长方体（B）/圆锥体（C）/圆柱体（CY）/棱锥体（P）/球体（S）/楔体（W）/圆环体（T）/设置（SE）］＜球体＞：W↙

指定第一个角点或［中心（C）］：在绘图窗口指定一点。

指定其他角点或［立方体（C）/长度（L）］：@200，150，0↙

指定高度或［两点（2P）］＜300.0000＞：100↙

绘制如图 10 - 29 所示的楔体网格。

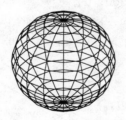 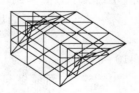

图 10 - 28　球面网格　　　　　　图 10 - 29　楔体网格

8. 圆环体网格

命令：MESH↙

当前平滑度设置为：0↙

输入选项［长方体（B）/圆锥体（C）/圆柱体（CY）/棱锥体（P）/球体（S）/楔体（W）/圆环体（T）/设置（SE）］＜楔体＞：T↙

指定中心点或［三点（3P）/两点（2P）/切点、切点、半径（T）］：在绘图窗口指定一点。

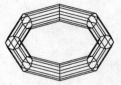

图 10-30　圆环体网格

指定半径或［直径（D）］＜100.0000＞：D✓
指定圆环体的直径＜200.0000＞：300✓
指定圆管半径或［两点（2P）/直径（D）］：D✓
指定圆管直径＜0.0000＞：50✓
绘制如图 10-30 所示的圆环体网格。

10.2.3　绘制三维面

三维面是三维空间中的表面，使用三维面命令，可以在三维空间中的任意位置创建三边或者四边表面；还可以将这些表面拼接在一起形成一个多边的表面。

1. 命令调用

（1）下拉菜单："绘图" / "建模" / "网格" / "三维面"。

（2）命令行：3DFACE✓

2. 操作说明

例如，绘制如图 10-31 所示三维面。

命令：3DFACE✓

指定第一点或［不可见（I）］：在绘图窗口指定一点。

指定第二点或［不可见（I）］：@1000，0，0✓

指定第三点或［不可见（I）］＜退出＞：@0，-500，0✓

指定第四点或［不可见（I）］＜创建三侧面＞：@-1000，0，0✓

指定第三点或［不可见（I）］＜退出＞：@0，0，-200✓

指定第四点或［不可见（I）］＜创建三侧面＞：@1000，0✓，0

指定第三点或［不可见（I）］＜退出＞：@0，-2000，0✓

指定第四点或［不可见（I）］＜创建三侧面＞：@-1000，0，0✓

指定第三点或［不可见（I）］＜退出＞：@0，0，200✓

指定第四点或［不可见（I）］＜创建三侧面＞：@1000，0，0✓

指定第三点或［不可见（I）］＜退出＞：@0，-500，0✓

指定第四点或［不可见（I）］＜创建三侧面＞：@-1000，0，0✓

指定第三点或［不可见（I）］＜退出＞：✓　结束操作。

绘制结果如图 10-31 所示。

绘制三维面时，由于三维面最多只能生成 4 条边，所以，在用户指定了平面的第四个点后，系统将自动连接第一点和第四点，形成平面。在连续绘制时，当第一个三维面绘制好后，系统就会自动地以最后绘制的两个点组成的直线为一边进行创建。

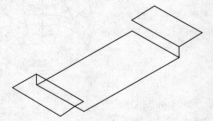

图 10-31　绘制三维面

10.2.4　绘制旋转网格

旋转网格是通过将路径曲线或轮廓绕指定的轴旋转来创建一个近似于旋转曲面的多边形网格。路径曲线可以是直线、圆、圆弧、椭圆、椭圆弧、闭合多段线、多边形、闭合样条曲线或圆环等。

1. 命令调用

（1）下拉菜单："绘图"/"建模"/"网格"/"旋转网格"。

（2）命令行：REVSURF↙

2. 操作说明

（1）执行改命令时，旋转表面的母线，既可以是闭合曲线，如圆、椭圆，也可以是开放曲线，如圆弧、自由曲线等。旋转轴可以是直线、多段线，还可以通过指定两点来定义的旋转轴。

（2）利用如图 10-32（a）所示图形绘制旋转网格，命令行操作如下：

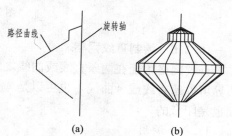

图 10-32　旋转网格

命令：REVSURF↙

当前线框密度：SURFTAB1＝30　　SURFT-AB2＝30

选择要旋转的对象：指定多边形。

选择定义旋转轴的对象：指定直线。

指定起点角度＜0＞：↙　默认起始角度为 0。

指定包含角（＋＝逆时针，－＝顺时针）＜360＞：↙　逆时针旋转 360。

绘制结果如图 10-32（b）所示。

10.2.5　绘制平移网格

平移网格用于创建多边形网格。该网格表示通过指定的方向和距离（称为方向矢量）拉伸路径曲线（直线或曲线）。

1. 命令调用

（1）下拉菜单："绘图"/"建模"/"网格"/"平移网格"。

（2）命令行：TABSURF↙

2. 操作说明

（1）执行该命令时，路径曲线可以是直线、圆弧、圆、椭圆、二维或者三维多段线，而方向矢量则指出形状的拉伸方向和长度，一般为直线或者多段线。

（2）利用图 10-33（a）所示图形绘制平移网格，命令行操作如下：

命令：TABSURF↙

当前线框密度：SURFTAB1＝6

选择用作轮廓曲线的对象：选择圆弧。

选择用作方向矢量的对象：选择直线段。

（3）绘制的图形由于网格较少，表面与母线图像可能不符。此时可以通过系统变量 SURFTAB1 修改图形 M 方向的网格密度，使其展现完整的外观。

在命令行中输入 SURFTAB1 命令，命令行显示信息如下：

命令：SURFTAB1↙

输入 SURFTAB1 的新值＜6＞：20↙

修改 SURFTAB1 后，绘制结果如图 10-33（b）所示。

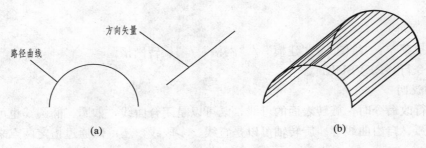

图 10 - 33　平移网格

10.2.6　绘制直纹网格

直纹网格用于在两条直线或曲线之间创建一个表示直纹曲面的多边形网格。直纹网格的边界可以是直线或者曲线，也可以是一个点。如果有一个边界是闭合的，那么另一个边界必须也是闭合的。

1. 命令调用

(1) 下拉菜单："绘图" / "建模" / "网格" / "直纹网格"。

(2) 命令行：RULESURF ↙

2. 操作说明

(1) 执行上述操作，在图 10 - 34 (a) 所示的两条曲线中绘制直纹网格，命令行操作如下：

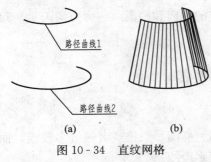

(a)　　　　　　(b)

图 10 - 34　直纹网格

命令：RULESURF ↙

当前线框密度：SURFTAB1＝20

选择第一条定义曲线：选择路径曲线 1。

选择第二条定义曲线：选择路径曲线 2。

绘制结果如图 10 - 34 (b) 所示。

(2) 在命令行提示"选择第二条定义曲线"时，如果选择曲线的端点与第一条定义曲线相反，就会出现扭曲的现象。

10.2.7　绘制边界网格

边界网格可以创建一个多边形网格，通过四条相连的边进行插值获得双立方体曲面，称为边界网格。

1. 命令调用

(1) 下拉菜单："绘图" / "建模" / "网格" / "边界曲面"。

(2) 命令行：EDGESURF ↙

2. 操作说明

利用图 10 - 35 (a) 所示原始图像绘制边界曲面。命令行提示如下：

命令：EDGESURF ↙

当前线框密度：SURFTAB1＝30　　SURFTAB2＝30

选择用作曲面边界的对象 1：选择曲面的第一条边。

选择用作曲面边界的对象 2：选择曲面的第二条边。

选择用作曲面边界的对象 3：选择曲面
的第三条边。

选择用作曲面边界的对象 4：选择曲面
的第四条边。

绘制结果如图 10 - 35（b）所示。

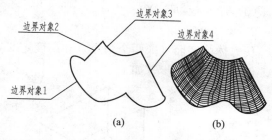

图 10 - 35　边界网格

10.2.8　绘制平面曲面

在 AutoCAD 2013 中，不仅可以创建网
格，还可以绘制三维曲面。使用 PLANE-
SURF 命令，可以通过以下任一种方式创建平面曲面：

（1）选择构成一个或多个封闭区域的一个或多个对象。

（2）通过命令指定矩形的对角点。

1. 命令调用

（1）下拉菜单：选择"绘图" / "建模" / "平面曲面"。

（2）命令行：PLANESURF ↙

2. 操作说明

执行上述操作后，命令行提示如下：

命令：PLANESURF ↙

指定第一个角点或［对象（O）］＜对象＞：在绘图窗口上指定一个角点。

指定其他角点：在绘图窗口上指定另一个角点。

对象：通过对象选择来创建平面曲面或者修剪曲面。用户可以选择构成封闭区域的一个
闭合对象或者多个对象绘制结果如图 10 - 36 所示。

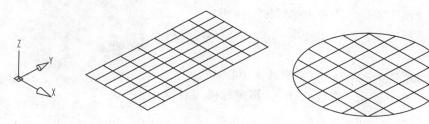

图 10 - 36　平面曲面

10.3　绘制实体模型

3D 实体建模是比三维表面建模更进一步的建模技术。在各类三维建模中，实体的信息
最完整，能够更好地表达物体的结构形状。利用三维建模工作空间提供的建模命令可以创建
简单的三维实体。

10.3.1　绘制长方体

1. 命令调用

（1）单击"建模"工具栏上"长方体" ▭ 按钮。

（2）下拉菜单："绘图" / "建模" / "长方体"。

（3）命令行：BOX ✓

2. 操作说明

长方体由底面（即两个角点）和高度定义，长方体的底面总与当前 UCS 的 XY 平面平行。创建长方体的步骤如下：

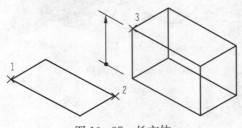

图 10-37　长方体

（1）从"建模"工具栏中单击"长方体"按钮，命令行提示：

指定长方体的角点或 ［中心点（CE）］＜0，0，0＞：在绘图窗口上指定一个角点。

（2）指定底面另一角点的位置。

（3）指定高度，就可以生成长方体，如图 10-37所示。

10.3.2　绘制球体

执行 SPHERE 命令可以根据球心、半径或者直径创建球体。

1. 命令调用

（1）单击"建模"工具栏上"球体" ◎ 按钮。

（2）下拉菜单"绘图"／"建模"／"球体"。

（3）命令行：SPHERE ✓

2. 操作说明

球体由中心点和半径或者直径定义，如图 10-38 所示。球体的纬线平行于 XY 平面，中心轴与当前 UCS 的 Z 轴方向一致。创建球体的步骤如下：

（1）从"建模"工具栏中单击"球体"按钮。

（2）当前线框密度：ISOLINES＝20　当前线框密度为 20。

指定球体球心＜0，0，0＞：指定球体中心点。

（3）指定球体半径或 ［直径（D）］：指定球体半径或直径。

输入球体半径或直径之后，就可以建立球体。

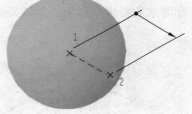

图 10-38　球体

10.3.3　绘制圆柱体

使用 CYLINDER 命令可以创建以圆或者椭圆为底面的实体圆柱体。其底面与当前 UCS 的 XY 平面平行。

1. 命令调用

（1）单击"建模"工具栏上"圆柱体" ▯ 按钮。

（2）下拉菜单："绘图"／"建模"／"圆柱体"。

（3）命令行：CYLINDER ✓

2. 操作说明

以圆或椭圆作底面创建圆柱体或椭圆柱体，圆柱的底面位于当前 UCS 的 XY 平面上。创建圆柱体的步骤如下：

（1）从"建模"工具栏中单击"圆柱体"按钮，此时系统提示：

指定圆柱体底圆的中心点或［椭圆（E）］＜0，0，0＞：

（2）指定圆柱体底圆的中心点。

（3）指定圆柱体底圆的半径或直径。

（4）指定圆柱体的高，就可以生成圆柱，如图 10 - 39 所示。

（5）如果输入 E，就绘制椭圆柱。

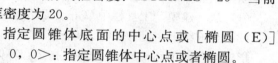

10.3.4 绘制圆锥体

使用 CONE 命令以圆或者椭圆为底面，将底面逐渐缩小到一点来创建实体圆锥体。

图 10 - 39 圆柱体

1. 命令调用

（1）单击"建模"工具栏上"圆锥体" △ 按钮。

（2）下拉菜单："绘图"／"建模"／"圆锥体"。

（3）命令行：CONE ↙

2. 操作说明

圆锥体由圆或者椭圆底面以及垂足在其底面上的锥顶点定义，如图 10 - 40 所示。默认情况下，圆锥体的底面位于当前 UCS 的 XY 平面上。圆锥体的高可以是正的也可以是负的，且平行于 Z 轴，顶点决定了圆锥体的高和方向，创建圆锥体的步骤如下：

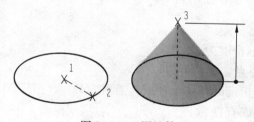

（1）当前线框密度：ISOLINES＝20 当前线框密度为 20。

指定圆锥体底面的中心点或［椭圆（E）］＜0，0，0＞：指定圆锥体中心点或者椭圆。

（2）指定圆锥体底面的半径或［直径（D）］：指定圆锥体半径或者直径。

（3）指定圆锥体高度或［顶点（A）］：指定圆锥体高度值或者顶点。

图 10 - 40 圆锥体

输入圆锥体高度值之后，就可以建立圆锥体。

10.3.5 绘制楔体

使用 WEDGE 命令可以创建楔体，楔体的底面平行于当前坐标系的 XY 平面，斜面正对第一个角点。高度可以为正值或者负值，且平行于 Z 轴。

1. 命令调用

（1）单击"建模"工具栏上"楔体" ◁ 按钮。

（2）下拉菜单："绘图"／"建模"／"楔体"。

（3）命令行：WEDGE ↙

2. 操作说明

楔体形状如图 10 - 41 所示，楔形的底面平行于当前 UCS 的 XY 平面，其倾斜面正对第一个角。它的高可以是正数，也可以是负数，并与 Z 轴平行。创建楔体的步骤如下：

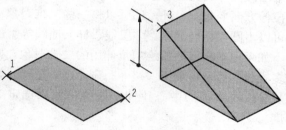

图 10 - 41 楔体

（1）从"建模"工具栏中单击"楔体"按钮。

（2）指定楔体的第一个角点或［中心点（CE）］＜0，0，0＞：指定该底面矩形的第一个角点或中心。

（3）指定角点或［立方体（C)/长度（L）］：指定楔体底面矩形的另一个角点或立方体或边长。

（4）指定高度或［两点（2P）］：指定楔体高度值。

输入楔体高度值之后，就可以建立楔体。

10.3.6　绘制圆环体

使用 TORUS 命令创建环形实体。其由两个半径值定义，一个是圆管的半径，另一个是从圆环体中心到圆管中心的距离圆环体与当前坐标系 XY 平面平行且被该平面平分。

1. 命令调用

（1）单击"建模"工具栏上"圆环体" ◎ 按钮。

（2）下拉菜单："绘图"/"建模"/"圆环体"。

（3）命令行：TORUS↙

2. 操作说明

圆环体由两个半径值定义，一个是圆管的半径，另一个是从圆管体中心到圆管中心的距离即圆环体的半径。

创建圆环体的步骤如下：

（1）从"建模"工具栏中单击"圆环体"按钮。

（2）当前线框密度：ISOLINES＝20　当前线框密度为20。

指定圆环体中心＜0，0，0＞：指定圆环体圆心点。

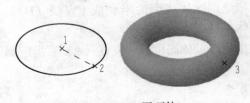

图 10-42　圆环体

（3）指定圆环体半径或［直径（D）］：指定圆环体半径或直径。

（4）指定圆管半径或［直径（D）］：指定圆管半径或直径。

输入"TUBE"（圆管体）半径值之后，就可以建立圆环体，如图 10-42 所示。

使用 AutoCAD 2013 建模命令，不仅可以直接创建三维实体，还可以通过二维平面图形生成三维实体。

10.3.7　绘制拉伸实体

创建拉伸实体就是将多段线、多边形、矩形、圆、椭圆、闭合的样条曲线和圆环等闭合二维图形拉伸成三维对象。在拉伸过程中，不但可以指定拉伸的高度，还可以使实体的截面沿拉伸方向变化。另外，还可以将一些二维对象沿指定的路径拉伸，路径可以是圆、椭圆，也可以由圆弧、椭圆弧、多段线、样条曲线等组成。

如果用直线或圆弧绘制拉伸用的二维对象，则需用 PEDIT 中"连接"将它们转换为单条多段线，然后再利用"拉伸"命令进行拉伸。如果选定多段线具有宽度，系统将忽略宽度并从多段线路径的中心拉伸多段线。如果选定对象具有厚度，拉伸对象时，系统将忽略厚度。

1. 命令调用

（1）单击"建模"工具栏上"拉伸" 🔲 按钮。

（2）下拉菜单："绘图" / "建模" / "拉伸"。

（3）命令行：EXTRUDE ↙

2. 操作说明

下面说明操作步骤：

（1）从"实体"工具栏上单击"拉伸"按钮。

（2）当前线框密度：ISOLINES＝20　当前线框密度为20。

选择对象：选择要拉伸的二维闭合对象，按回车键确认。

（3）指定拉伸高度或［路径（P）］：指定拉伸高度或路径。

（4）输入拉伸高度或指定一条二维对象作为拉伸路径。

（5）输入拉伸的倾斜角度（默认值为0）。

按以上步骤生成的拉伸实体，如图10-43所示。

3. 特别提示

（1）拉伸锥角是指拉伸方向偏移的角度，其范围是 −90°～＋90°。

（2）不能拉伸相交或自交线段的多段线，多段线应包括至少3个顶点但不能多于500个顶点。

（3）如果用直线或圆弧绘制拉伸用的二维对象，应先使用"面域"命令将它们转化成一条多段线。

（4）指定拉伸的路径既不能与轮廓共面，也不能具有高曲率的区域。

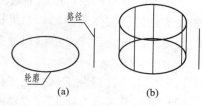

图 10-43　拉伸实体

（a）拉伸前；（b）拉伸后

10.3.8　绘制旋转实体

创建旋转实体就是将一个二维封闭对象（例如圆、椭圆、多段线、样条曲线）绕当前UCS中的X轴或Y轴并按一定的角度旋转成实体，也可以绕直线、多段线或者两个指定的点旋转对象。

1. 命令调用

（1）单击"建模"工具栏上"旋转" 🌀 按钮。

（2）下拉菜单："绘图" / "建模" / "旋转"。

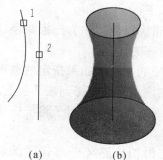

（a）　　　　（b）

图 10-44　旋转实体

（a）旋转前；（b）旋转后

（3）命令行：REVOLVE ↙

2. 操作说明

介绍创建旋转实体的方法和步骤：

（1）从"绘制"工具栏中单击"多段线"按钮绘制二维图形，如图10-44（a）所示。

（2）从"绘制"工具栏中单击"面域"，使所绘制的二维图形形成一个整体。

（3）从"绘制"工具栏中单击"多段线"按钮绘制旋转轴。

（4）从"实体"工具栏中单击"旋转"按钮。

（5）当前线框密度：ISOLINES＝20　当前线框密度为 20。

选择对象：找到 1 个（选择要旋转的二维闭合对象，按回车键确认）。

（6）指定旋转实体旋转轴的起点或［对象（O）/X 轴（X）/Y 轴（Y）］：（指定旋转实体旋转轴的起点或对象/X/Y）。

（7）指定旋转轴的端点：指定旋转轴的终点。

（8）指定旋转角度＜360＞：指定旋转角度就可以生成旋转实体，如图 10 - 44（b）所示。

3. 特别提示

（1）选择 X 或 Y 选项，将是旋转对象分别绕 X 轴或 Y 轴旋转指定角度，形成旋转体。

（2）选择 O 选项，提示"选择对象"，即以所选对象为旋转轴旋转指定角度，形成旋转体。

（3）在选择旋转选择对象后，直接指定旋转轴起点和终点，也可以得到旋转体。

10.3.9　绘制扫掠实体

使用 SWEEP 命令，可以通过沿开放、闭合的二维路径、三维路径扫掠开放或闭合的平面曲线来创建新实体或曲面。如果扫掠的对象是开放图形，"扫掠"后得到网格面，否则得到的是三维实体。该命令可以扫掠多个对象，但是这些对象必须位于同一平面中。

1. 命令调用

（1）单击"建模"工具栏上"扫掠" 🔄 按钮。

（2）下拉菜单："绘图" / "建模" / "扫掠"。

（3）命令行：SWEEP↙

2. 操作说明

（1）利用图 10 - 45（a）原始图形，绘制扫掠实体。命令行提示：

命令：SWEEP↙

当前线框密度：ISOLINES＝15

选择要扫掠的对象：找到 1 个

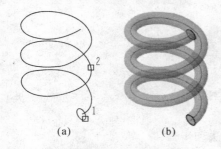

（a）　　　　　　（b）

图 10 - 45　扫掠实体

（a）扫掠前；（b）扫掠后

选择要扫掠的对象：选定要扫掠的对象。

选择扫掠路径或［对齐（A）/基点（B）/比例（S）/扭曲（T）］：

绘制结果如图 10 - 45（b）所示。

（2）命令行中各项含义如下：

1）对齐：指定是否对齐轮廓以使其作为扫掠路径切向的方向。系统默认轮廓是对齐的。

2）基点：指定要扫掠对象的基点。如果指定的点不在选定对象所在的平面上，则该点将被投影到该平面上。

3）比例：指定比例因子进行扫掠操作。从扫掠路径的开始到结束，比例因子将统一应用到扫掠的对象。

4）扭曲：设置正被扫掠的对象的扭曲角度。扭曲角度指定沿扫掠路径全部长度的旋转量。

10.3.10 绘制多段体

多段体是扫掠实体即使用指定轮廓沿指定路径绘制的实体，其绘制方法与绘制多段线的方法相同。在默认情况下，多段体始终带有一个矩形轮廓。用户可以自定义轮廓的高度和宽度。使用 POLYSOLID 命令，可以直接创建矩形轮廓的实体，也可以从现有的直线、二维多段线、圆弧或者圆来创建多段体。

1. 命令调用

（1）单击"建模"工具栏上"多段体" 按钮。

（2）下拉菜单："绘图"/"建模"/"多段体"。

（3）命令行：POLYSOLID↙

2. 操作说明

多段体的底面平行于当前 UCS 的 XY 平面，它的高可以是正数，也可以是负数，并与 Z 轴平行，默认情况下，多段体始终具有矩形截面轮廓。绘制多段体，如图 10 - 46 所示。

创建多段体的步骤如下：

（1）从"建模"工具栏中单击"多段体"按钮。

（2）指定底面第一个角点的位置。

（3）依次指定底面的下若干个角点的位置。

（4）在指定底面第一个角点的位置之前，可以先设置多段体的高度和宽度。

（5）也可在指定底面第一个角点的位置之前，先画出直线、二维多段线、圆弧或者圆作为对象创建多段体，多段体是沿指定路径使用指定截面轮廓绘制的实体。

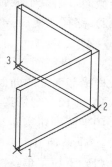

图 10 - 46　多段体

10.3.11 绘制放样实体

使用 LOFT 命令，可以通过对包含两条或者两条以上横截面曲线的一组曲线进行放样绘制实体或者曲面来创建三维实体或者曲面。

1. 命令调用

（1）单击"建模"工具栏上"放样" 按钮。

（2）下拉菜单："绘图"/"建模"/"放样"。

（3）命令行：LOFT↙

2. 操作说明

（1）利用图 10 - 47（a）原始图形，绘制放样实体。执行上述操作后的命令行提示：

命令：LOFT↙

按放样次序选择横截面：找到 1 个。

按放样次序选择横截面：找到 1 个，总计 2 个。

按放样次序选择横截面：找到 1 个。总计 3 个。

按放样次序选择横截面：↙

输入选项［导向（G）/路径（P）/仅横截面（C）］：＜仅横截面＞：P↙

选择路径曲线。绘制结果如图 10 - 47 所示。

（2）命令行中各项含义如下：

1）导向：使用导向曲线控制放样。每条曲线必须要与每一个截面相交，并且起始与第

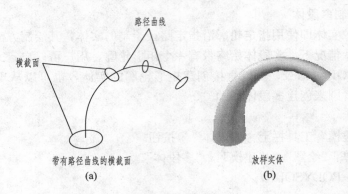

图 10-47　放样实体

(a) 放样前；(b) 放样后

一个截面，结束于最后一个截面。

2）路径：使用一条简单的路径控制放样，该路径必须与全部或部分截面相交，如图 10-47 （b）所示。

3）仅横截面：用于只使用截面进行放样。选择此选项，打开"放样设置"对话框，设置放样横截面上的曲面控制选项。

10.3.12　剖切实体

用平面剖切实体。

1. 命令调用

（1）下拉菜单："绘图" / "三维操作" / "剖切"。

（2）命令行：SLICE↙

2. 操作说明

绘制剖切实体，如图 10-48 （a）所示。命令行提示：

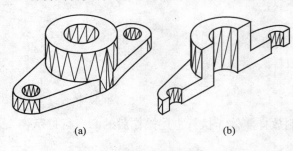

(a)　　　　　　　(b)

图 10-48　剖切实体

命令：SLICE↙

选择对象：选择被剖切的实体。

选择对象：继续选择对象或按回车键结束选择。

指定切面的起点或［平面对象（O）/曲面（S）/Z 轴（Z）/视图（V）/XY 平面（XY）/YZ 平面（YZ）/ZX 平面（ZX）/三点（3）］＜三点＞：选项确定剖切面。

指定平面上的第一个点：确定平面上的第一个点。

指定平面上的第二个点：确定平面上的第二个点。

指定平面上的第三个点：确定平面上的第三个点。

在所需的侧面上指定点或［保留两个侧面（B）］＜保留两个侧面＞：选择要保留的一侧。

绘制结果如图 10-48 （b）所示。

10.3.13 螺旋

"螺旋"命令绘制二维与三维的螺旋体。

1. 命令调用

(1) 单击"建模"工具栏上"螺旋" ≣ 按钮。

(2) 下拉菜单:"绘图" / "螺旋"。

(3) 命令行:HELIX↙

2. 操作说明

执行上述操作后,命令提示如下:

命令:HELIX↙

圈数=3.0000　　　扭曲=CCW

指定底面的中心点:在绘图窗口指定一点。

指定底面半径或 [直径 (D)] <1.0000>:300↙

需要点或选项关键字。

指定底面半径或 [直径 (D)] <1.0000>:

指定顶面半径或 [直径 (D)] <300.0000>:

300↙

指定螺旋高度或 [轴端点 (A)/圈数 (T)/

圈高 (H)/扭曲 (W)] <1.0000>:200↙

按上述步骤绘制如图 10-49 所示的螺旋体。

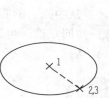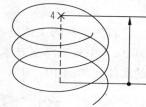

图 10-49　螺旋体

10.4　三维实体布尔运算

在 AutoCAD 2013 中,通过布尔运算的并集、差集和交集命令,可以创建出复杂的实体模型。

10.4.1　并集运算

将两个或者多个实体进行合并,生成一个组合实体,称为并集运算。

1. 命令调用

(1) 单击"建模"工具栏上的"并集" ◎ 按钮。

(2) 单击"实体编辑"工具栏上的"并集" ◎ 按钮。

(3) 下拉菜单:"修改" / "实体编辑" / "并集"。

(4) 命令行:UNION↙

2. 操作说明

在提示选择对象后,用鼠标连续选择要相加的对象,然后按回车键就生成需要的组合实体。如图 10-50 (a) 所示立方体与圆柱体,并集运算后成为如图 10-50 (b) 所示的实体。

10.4.2　差集运算

从一个实体中减去另一个或者多个实体,生成一个新的实体,称为差集运算。

1. 命令调用

(1) 单击"建模"工具栏上的"差集" ◎ 按钮。

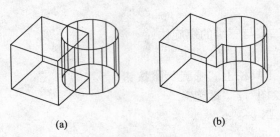

图 10-50　并集运算后生成的实体

(a) 使用 UNION 之前的实体；(b) 使用 UNION 之后的实体

(2) 单击"实体编辑"工具栏上的"差集" ⑩ 按钮。

(3) 下拉菜单："修改" / "实体编辑" / "差集"。

(4) 命令行：SUBTRACT↙

2. 操作说明

首先选择的实体是"要从中减去的实体"，回车后接着选择"要减去的实体"。在图 10-51 (a) 中先选择立方体，按回车键后再选择圆柱体，如图 10-51 (b) 所示，得到图中所示的实体，如图 10-51 (c) 所示。

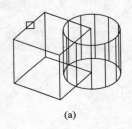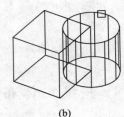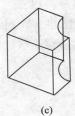

(a)　　　　　　　　　(b)　　　　　　　　　(c)

图 10-51　圆锥体减去圆柱体

(a) 要从中减去对象的实体；(b) 要减去的实体；(c) 使用 SUBTRACT 后的实体

系统是从第一个选择对象中减去第二个选择对象，然后创建一个新的实体或者面域。选择对象时，由于拾取的顺序不同，创建的差集效果也不相同。

10.4.3　交集运算

将两个或多个实体的公共部分构造成一个新的实体，即交集运算。

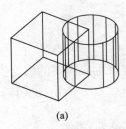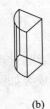

(a)　　　　　　　(b)

图 10-52　交集运算后生成的实体

(a) 使用 INTERSECT 之前的实体；

(b) 使用 INTERSECT 之后的实体

1. 命令调用

(1) 单击"建模"工具栏上的"交集" ⑩ 按钮。

(2) 单击"实体编辑"工具栏上的"交集" ⑩ 按钮。

(3) 下拉菜单："修改" / "实体编辑" / "交集"。

(4) 命令行：INTERSECT↙

2. 操作说明

选择具有公共部分的实体，才可以生成组合实体。否则，实体将被删除。如图 10-52 (a) 所示立方体与圆柱体，进行交集运算后生成的实体如图 10-52 (b)

所示。

10.5 编 辑 三 维 图 形

10.5.1 倒角

在平面图形编辑中的倒角和圆角命令也可以应用于三维图形的编辑中。

1. 倒角

（1）命令调用。

1）功能区："常用" / "修改" / "倒角"。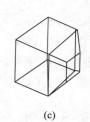

2）单击"修改"工具栏上的"倒角" 按钮。

3）下拉菜单："修改" / "倒角"。

4）命令行：CHAMFER↙

（2）操作说明。

单击"倒角"按钮，修改图 10-53（a）中立方体，命令行提示如下：

命令：CHAMFER↙

（"修剪"模式 ）当前倒角距离 1=0.0000，距离 2=0.0000

选择第一条直线或［放弃（U）/多段线（P）/距离（D）/角度（A）/修剪（T）/方式（E）/多个（M）］：指定倒角对象。

基面选择…

输入曲面选择选项［下一个（N）/当前（OK）］＜当前（OK）＞：N↙ 输入曲面的选项。

输入曲面选择选项［下一个（N）/当前（OK）］＜当前（OK）＞：OK↙输入曲面的选项。

指定基面的倒角距离：10↙ 输入倒角距离。

指定其他曲面的倒角距离＜10＞：↙ 输入倒角距离。

选择边或［环（L）］：L↙ 选择倒角边环，如图 10-53（b）所示。

选择边或［环（L）］：↙ 选择倒角边环。

绘制结果如图 10-53（c）所示。

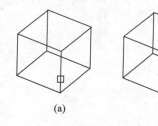

    (a)   (b)   (c)

图 10-53 三维倒角

(a) 选择边环；(b) 选定的边环；(c) 倒角的边环

2. 倒圆角

（1）命令调用。

1) 功能区: "常用" / "修改" / "圆角"。◻

2) 单击 "修改" 工具栏上的 "圆角" ◻ 按钮。

3) 下拉菜单: "修改" / "圆角"。

4) 命令行: FILLET ↙

(2) 操作说明。

单击 "圆角" 按钮, 修改图 10-54 (a) 中的矩形, 命令行提示如下:

命令: FILLET ↙

当前设置: 模式＝修剪, 半径＝0.0000

选择第一个对象或 [放弃 (U)/多段线 (P)/半径 (R)/修剪 (T)/多个 (M)]: 选择需要修圆角的对象。

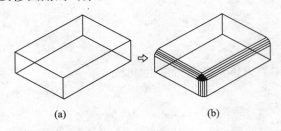

    (a)   (b)

图 10-54　三维倒圆角
(a) 倒圆角前; (b) 倒圆角后

输入圆角半径: 10 ↙　输入圆角半径。

选择边或 [链 (C)/半径 (R)]: 选择需要圆角的边。

已选定 3 个边用于圆角。

绘制结果如图 10-54 (b) 所示。

10.5.2　三维阵列

"三维阵列" 命令是二维阵列命令的三维版本。执行该命令可以在三维空间中创建实体的矩形与环形阵列。

1. 命令调用

(1) 单击 "建模" 工具栏上的 "三维阵列" ⊞ 按钮。

(2) 下拉菜单: "修改" / "三维操作" / "三维阵列"。

(3) 命令行: 3DARRAY ↙

2. 操作说明

矩形阵列如图 10-55 所示。执行上述操作后, 命令行提示:

命令: 3DARRAY

选择对象: 找到 1 个

选择对象: ↙　按回车键结束选择。

输入阵列类型 [矩形 (R)/环形 (P)] <矩形>: R ↙

输入行数 (...) <1>: 4 ↙

输入列数 (|||) <1>: 2 ↙

输入层数 (...) <1>: 2 ↙

指定行间距 (...): 100 ↙

指定列间距 (|||): 100 ↙

指定层间距 (...): 300 ↙

环形阵列是将选择对象绕旋转轴进行复制。使用该命令用户需要指定旋转对象的数目、角度以及轴线, 如图 10-56 (a) 所示。

命令: 3DARRAY ↙

正在初始化… 已加载 3DARRAY。

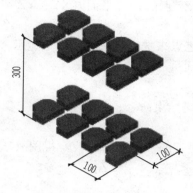

图 10 - 55   三维阵列

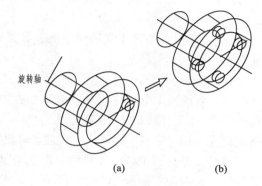

图 10 - 56   环形阵列

选择对象：找到 1 个。

选择对象：找到 1 个，总计 2 个。

选择对象：↙   按回车键结束选择。

输入阵列类型［矩形（R)/环形（P)］＜矩形＞：P↙

输入阵列中的项目数目：4↙

指定要填充的角度（＋＝逆时针，－＝顺时针）＜360＞：↙

旋转阵列对象?［是（Y)/否（N)］＜Y＞：↙

指定阵列的中心点：指定一个点。

指定旋转轴上的第二点：指定另一点。

绘制结果如图 10 - 56（b）所示。

10.5.3   三维镜像

"三维镜像"命令主要用于创建具有对称性结构的三维图形。

1. 命令调用

(1) 下拉菜单："修改"/"三维操作"/"三维镜像"。

(2) 命令行：MIRROR3D↙

2. 操作说明

(1) 镜像图形如图 10 - 57 所示。执行上述操作后，命令行提示：

指定镜像平面（三点）的第一个点或［对象（O)/最近的（L)/Z 轴（Z)/视图（V)/XY 平面（XY)/YZ 平面（YZ)/ZX 平面（ZX)/三点（3)］＜三点＞：

(2) 其中各选项含义如下：

1) 对象：使用选定平面对象的平面作为镜像平面。

2) 最近的：相对于最后定义的镜像平面对选定的对象进行镜像处理。

3) Z 轴：根据平面上的一个点和平面法线上的一个点定义镜像平面。

4) 视图：将镜像平面与当前视口中通过指定点的视图平面对齐。

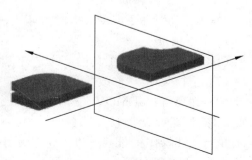

图 10 - 57   三维镜像

5）XY，YZ，ZX 平面：将镜像平面与一个通过指定点的标准平面（XY、YZ 或 ZX）对齐。

6）三点：通过三个点定义镜像平面。如果通过指定点来选择此选项，将不显示"在镜像平面上指定第一点"的提示。

命令：MIRROR3D ↙

选择对象：找到 1 个，使用对象选择方法并按回车键结束命令。

选择对象：↙   按回车键结束选择。

指定镜像平面（三点）的第一个点或［对象（O）/最近的（L）/Z 轴（Z）/视图（V）/XY 平面（XY）/YZ 平面（YZ）/ZX 平面（ZX）/三点（3）］＜三点＞：YZ ↙

是否删除源对象？［是（Y）/否（N）］＜否＞：N ↙

10.5.4 三维旋转

"三维旋转"命令可以通过灵活的旋转轴，对三维图形进行任意旋转。

1. 命令调用

（1）单击"建模"工具栏上的"三维旋转" ◉ 按钮。

（2）下拉菜单："修改"/"三维操作"/"三维旋转"。

（3）命令行：3DROTATE ↙

2. 操作说明

原图形如图 10 - 58（a）所示，执行三维旋转命令后，命令行提示如下：

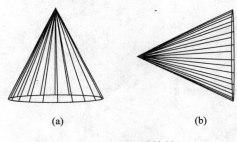

(a)   (b)

图 10 - 58   三维旋转

（a）原图形；（b）旋转结果

命令：3DROTATE ↙

UCS 当前的正角方向：ANGDIR＝逆时针 ANGBASE＝0

选择对象：找到 1 个。拾取圆锥体。

选择对象：↙

指定基点：圆锥体顶点。

拾取旋转轴：圆锥体顶点与圆锥体底面圆心连线。

指定角的起点：指定圆锥体底面圆心为旋转角的起点。

指定角的端点：正在重生成模型。

绘制结果如图 10 - 58（b）所示。

10.5.5 三维移动

"三维移动"命令可以沿指定方向对一个三维图形移动指定距离。

1. 命令调用

（1）单击"建模"工具栏上的"三维移动" ◉ 按钮。

（2）下拉菜单："修改"/"三维操作"/"三维移动"。

（3）命令行：3DMOVE ↙

2. 操作说明

执行上述操作将图 10 - 59（a）所示小球体进行三维移动，命令行提示如下：

命令：3DMOVE ↙

选择对象：找到 1 个，拾取小球体。

指定基点或［位移（D）］＜位移＞：拾取小球体的球心为基点。

指定第二个点或＜使用第一个点作为位移＞：通过盘子底面圆心的垂直辅助线，小球体球心与该辅助线的垂足为选定的第二点。

指定第二个点或＜使用第一个点作为位移＞：正在重生成模型。

自动保存。

删除辅助线，绘制结果如图 10 - 59（b）所示。

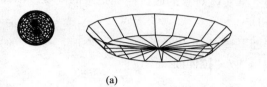

图 10 - 59 三维移动

（a）原图形；（b）三维移动结果

10.5.6 三维对齐

"三维对齐"命令可以移动、旋转一个三维图形，使其与另一个三维图形对齐。

1. 命令调用

（1）单击"建模"工具栏上的"三维对齐" 按钮。

（2）下拉菜单："修改" / "三维操作" / "三维对齐"。

（3）命令行：3DALIGN↙

2. 操作说明

执行上述操作将图 10 - 60（a）所示图形对齐，命令行提示：

命令：3DALIGN↙

选择对象：找到 1 个，选择原图形中的小楔体。

选择对象：↙

指定源平面和方向。

指定基点或［复制（C）］：拾取小楔体底面第一个角点。

指定第二个点或［继续（C）］＜C＞：拾取小楔体底面第二个角点。

指定第三个点或［继续（C）］＜C＞：拾取小楔体底面第三个角点。

指定目标平面和方向 …

指定第一个目标点：拾取长方体顶面第一个角点。

指定第二个目标点或［退出（X）］＜X＞：拾取长方体顶面第二个角点。

指定第三个目标点或［退出（X）］＜X＞：拾取长方体顶面第三个角点。

绘制结果如图 10 - 60（b）所示。

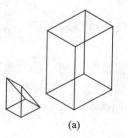
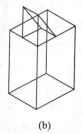

图 10 - 60 三维对齐

（a）原图形；（b）三维对齐结果

10.6 编辑三维实体的面

对创建好的三维图形，除了可以对其整体进行编辑外，还可以对其表面进行编辑修改。使用 AutoCAD 2013 中的命令，可以对三维图形的表面进行拉伸、移动、偏移、删除、旋转、倾斜、复制和渲染等操作。

10.6.1 拉伸面

使用"拉伸面"命令可以将选定的三维实体对象的面拉伸到指定的高度或沿路径拉伸。

1. 命令调用

(1) 单击"实体编辑"上的"拉伸面" 按钮。

(2) 下拉菜单："修改" / "实体编辑" / "拉伸面"。

(3) 命令行：SOLIDEDIT ✓

2. 操作说明

执行上述操作，拉伸图 10-61 中原图形的面，命令行提示如下：

命令：SOLIDEDIT ✓

实体编辑自动检查：SOLIDCHECK=1

输入实体编辑选项〔面（F）/边（E）/体（B）/放弃（U）/退出（X）〕＜退出＞：F ✓

选择编辑实体的面。

输入面编辑选项〔拉伸（E）/移动（M）/旋转（R）/偏移（O）/倾斜（T）/删除（D）/复制（C）/颜色（L）/材质（A）/放弃（U）/退出（X）〕＜退出＞：E ✓   选择拉伸的命令。

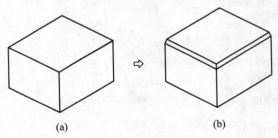

图 10-61 拉伸面
(a) 原图形；(b) 拉伸结果

选择面或〔放弃（U）/删除（R）〕：找到一个面，选择需要拉伸的面。

选择面或〔放弃（U）/删除（R）/全部（ALL）〕：按回车键，完成面选择。

指定拉伸高度或〔路径（P）〕：10 ✓ 输入拉伸高度。

指定拉伸的倾斜角度＜0＞：10 ✓   输入拉伸角度。

绘制结果如图 10-61（b）所示。

10.6.2 移动面

使用"移动面"命令可以沿指定的高度或者距离移动选定的三维实体对象的面。

1. 命令调用

(1) 单击"实体编辑"上的"移动面" 按钮。

(2) 下拉菜单："修改" / "实体编辑" / "移动面"。

(3) 命令行：SOLIDEDIT ✓

2. 操作说明

执行上述操作，移动图 10-62（a）中原图形的面，命令行提示如下：

命令：SOLIDEDIT ✓

实体编辑自动检查：SOLIDCHECK＝1

输入实体编辑选项［面（F）/边（E）/体（B）/放弃（U）/退出（X）］＜退出＞：F↙

输入面编辑选项［拉伸（E）/移动（M）/旋转（R）/偏移（O）/倾斜（T）/删除（D）/复制（C）/颜色（L）/材质（A）/放弃（U）/退出（X）］＜退出＞：M↙

选择面或［放弃（U）/删除（R）］：找到一个面。选择需要移动的面。

选择面或［放弃（U）/删除（R）/全部（ALL）］：按回车键，完成选择。

指定基点或位移：拾取或者输入基点坐标。

指定位移的第二点：输入位移的第二点，如图 10-62（b）所示，按回车键，完成面移动。

已开始实体校验。

已完成实体校验。

绘制结果如图 10-62（c）所示。

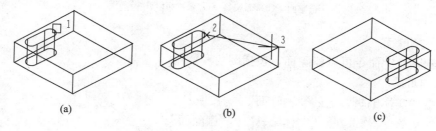

图 10-62　移动面
(a) 选定面；(b) 基点和选定的第二点；(c) 移动了面

10.6.3　偏移面

使用"偏移面"命令可以按指定的距离或通过指定的点，将面均匀地偏移。正值增大实体尺寸或体积，负值减小实体尺寸或体积。

1. 命令调用

（1）单击"实体编辑"上的"偏移面" ▱ 按钮。

（2）下拉菜单："修改"/"实体编辑"/"偏移面"。

（3）命令行：SOLIDEDIT↙

2. 操作说明

执行上述操作，偏移面实体如图 10-63（a）所示，命令行提示：

命令：SOLIDEDIT↙

实体编辑自动检查：SOLIDCHECK＝1

输入实体编辑选项［面（F）/边（E）/体（B）/放弃（U）/退出（X）］＜退出＞：F↙
输入面编辑选项。

［拉伸（E）/移动（M）/旋转（R）/偏移（O）/倾斜（T）/删除（D）/复制（C）/颜色（L）/材质（A）/放弃（U）/退出（X）］＜退出＞：O↙

选择面或［放弃（U）/删除（R）］：找到 2 个面。

选择面或［放弃（U）/删除（R）/全部（ALL）］：↙

指定偏移距离：1↙

已开始实体校验。

已完成实体校验。

绘制结果如图 10 - 63（b）所示。如果输入偏移距离为－1，绘制结果如图 10 - 63（c）所示。

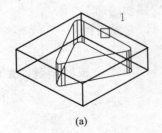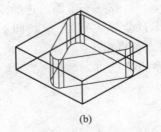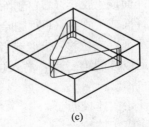

图 10 - 63　偏移面

(a) 选定面；(b) 面偏移＝1；(c) 面偏移＝－1

10.6.4　删除面

使用"删除面"命令可以删除面，包括圆角和倒角。

1. 命令调用

(1) 单击"实体编辑"上的"删除面" 按钮。

(2) 下拉菜单："修改" / "实体编辑" / "删除面"。

(3) 命令行：SOLIDEDIT ↙

2. 操作说明

执行上述操作，删除面实体如图 10 - 64（a）所示，命令行提示如下：

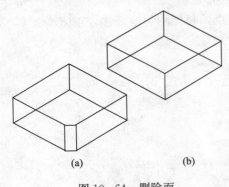

图 10 - 64　删除面

(a) 原图形；(b) 删除结果

命令：SOLIDEDIT ↙

实体编辑自动检查：SOLIDCHECK＝1

输入实体编辑选项 ［面 (F)/边 (E)/体 (B)/放弃 (U)/退出 (X)］ <退出>：F ↙

输入面编辑选项 ［拉伸 (E)/移动 (M)/旋转 (R)/偏移 (O)/倾斜 (T)/删除 (D)/复制 (C)/颜色 (L)/材质 (A)/放弃 (U)/退出 (X)］ <退出>：D ↙

选择面或 ［放弃 (U)/删除 (R)］：找到一个面。

选择面或 ［放弃 (U)/删除 (R)/全部 (ALL)］：↙

已开始实体校验。

已完成实体校验。

绘制结果如图 10 - 64（b）所示。

10.6.5　旋转面

使用"旋转面"命令可以绕指定的轴旋转一个或多个面或实体的某些部分。

1. 命令调用

(1) 单击"实体编辑"上的"旋转面" 按钮。

(2) 下拉菜单："修改" / "实体编辑" / "旋转面"。

（3）命令行：SOLIDEDIT↙

2. 操作说明

执行上述操作，旋转面实体如图 10 - 65（a）所示，命令行提示如下：

命令：SOLIDEDIT↙

实体编辑自动检查：SOLIDCHECK＝1

输入实体编辑选项［面（F）/边（E）/体（B）/放弃（U）/退出（X）］＜退出＞：F↙

输入面编辑选项。

［拉伸（E）/移动（M）/旋转（R）/偏移（O）/倾斜（T）/删除（D）/复制（C）/颜色（L）/材质（A）/放弃（U）/退出（X）］＜退出＞：R↙

选择面或［放弃（U）/删除（R）］：

选择面或［放弃（U）/删除（R）］：找到一个面。

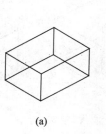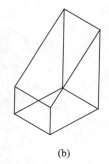

(a)　　　　　　　　(b)

图 10 - 65　旋转面
(a) 原图形；(b) 旋转结果

选择面或［放弃（U）/删除（R）/全部（ALL）］：

指定轴点或［经过对象的轴（A）/视图（V）/X 轴（X）/Y 轴（Y）/Z 轴（Z）］＜两点＞：

在旋转轴上指定第二个点：

指定旋转角度或［参照（R）］：45↙

已开始实体校验。

已完成实体校验。

绘制结果如图 10 - 65（b）所示。

10.6.6　倾斜面

使用"倾斜面"命令可以按一个角度将面进行倾斜。倾斜角的旋转方向由选择基点和第二点沿选定矢量的顺序决定。命令调用如下：

（1）单击"实体编辑"上的"倾斜面" 按钮。

（2）下拉菜单："修改"/"实体编辑"/"倾斜面"。

（3）命令行：SOLIDEDIT↙

执行上述操作，修改图 10 - 66（a）中原图形的面，命令行提示：

命令：SOLIDEDIT↙

实体编辑自动检查：SOLIDCHECK＝1

输入实体编辑选项［面（F）/边（E）/体（B）/放弃（U）/退出（X）］＜退出＞：F↙

输入面编辑选项［拉伸（E）/移动（M）/旋转（R）/偏移（O）/倾斜（T）/删除（D）/复制（C）/颜色（L）/材质（A）/放弃（U）/退出（X）］＜退出＞：T↙

选择面或［放弃（U）/删除（R）］：找到一个面。选择需要倾斜的面 1。

选择面或［放弃（U）/删除（R）/全部（ALL）］：按回车键，完成选择。

指定基点：拾取基点 2。

指定沿倾斜轴的另一个点：拾取倾斜轴的另外一个点 3。如图 10 - 66（b）所示。

指定倾斜角度：10↙　输入倾斜角度。

已开始实体校验。

已完成实体校验。

绘制结果如图 10 - 66（c）所示。

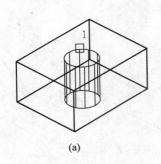 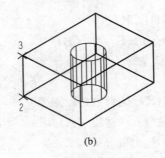 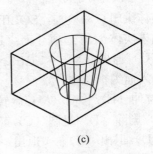

　　（a）　　　　　　　　　　　　（b）　　　　　　　　　　　　（c）

图 10 - 66　倾斜面

（a）选定面；（b）基点和选定的第二点；（c）倾斜 10 度的面

10.6.7　复制面

使用“复制面”命令可以将面复制为面域或实体。

1. 命令调用

（1）单击“实体编辑”上的“复制面” 按钮。

（2）下拉菜单：“修改”/“实体编辑”/“复制面”。

（3）命令行：SOLIDEDIT↙

2. 操作说明

执行上述操作，复制面实体如图 10 - 67（a）所示，命令行提示：

命令：SOLIDEDIT↙

实体编辑自动检查：SOLIDCHECK＝1

输入实体编辑选项［面（F）/边（E）/体（B）/放弃（U）/退出（X）］＜退出＞：F↙

输入面编辑选项。

［拉伸（E）/移动（M）/旋转（R）/偏移（O）/倾斜（T）/删除（D）/复制（C）/颜色（L）/材质（A）/放弃（U）/退出（X）］＜退出＞：C↙

选择面或［放弃（U）/删除（R）］：找到一个面。

选择面或［放弃（U）/删除（R）/全部（ALL）］：找到一个面 1。

选择面或［放弃（U）/删除（R）/全部（ALL）］：↙

指定基点或位移：确定 2 为基点。

指定位移的第二点：确定 3 为位移的第二点，如图 10 - 67（b）所示。

输入面编辑选项［拉伸（E）/移动（M）/旋转（R）/偏移（O）/倾斜（T）/删除（D）/复制（C）/颜色（L）/材质（A）/放弃（U）/退出（X）］＜退出＞：X↙

实体编辑自动检查：SOLIDCHECK＝1

输入实体编辑选项［面（F）/边（E）/体（B）/放弃（U）/退出（X）］＜退出＞：X↙

绘制结果如图 10 - 67（c）所示。

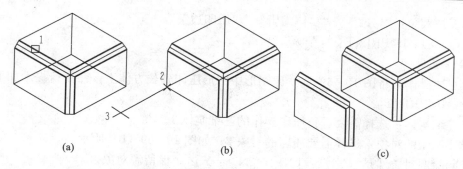

图 10-67 复制面

（a）选定面；（b）基点和选定的第二点；（c）复制了面

10.6.8　着色面

使用"着色面"命令可以修改面的颜色。

1. 命令调用

（1）单击"实体编辑"上的"着色面" 按钮。

（2）下拉菜单："修改"/"实体编辑"/"着色面"。

（3）命令行：SOLIDEDIT↙

2. 操作说明

执行上述操作，命令行提示：

命令：SOLIDEDIT↙

实体编辑自动检查：SOLIDCHECK＝1

输入实体编辑选项［面（F)/边（E)/体（B)/放弃（U)/退出（X)］＜退出＞：F↙

输入面编辑选项。

［拉伸（E)/移动（M)/旋转（R)/偏移（O)/倾斜（T)/删除（D)/复制（C)/颜色（L)/材质（A)/放弃（U)/退出（X)］＜退出＞：L↙

选择面或［放弃（U)/删除（R)］：找到一个面。

选择面或［放弃（U)/删除（R)/全部（ALL)］：↙

输入面编辑选项［拉伸（E)/移动（M)/旋转（R)/偏移（O)/倾斜（T)/删除（D)/复制（C)/颜色（L)/材质（A)/放弃（U)/退出（X)］＜退出＞：X↙

图 10-68　着色面

选定实体的一个面按回车键后，将出现"选择颜色"对话框，选择红色后单击"确定"按钮。选择的面将显示红色，如图 10-68 所示。

10.6.9　压印

使用"压印"命令可以将选择的图形对象压印到另一个三维图形的表面。为了使压印操作成功。被压印的对象必须与选定对象的一个或者多个面相交。"压印"命令仅限于以下对象执行：圆弧、圆、直线、二维和三维多段线、椭圆、样条曲线、面域、体和三维实体。

1. 命令调用

（1）单击"实体编辑"上的"压印边" 按钮。

（2）下拉菜单："修改"／"实体编辑"／"压印边"。

（3）命令行：IMPRINT ✓

2. 操作说明

执行上述操作，将图 10-69（a）原图形中圆形压印到长方体上，命令行提示如下：

命令：IMPRINT ✓

选择三维实体：选择需要进行压印操作的三维实体 1。

选择要压印的对象：选择需要压印的对象 2，如图 10-69（b）所示。

是否删除源对象 ［是（Y）／否（N）］ ＜N＞：Y ✓　保留源对象。

选择要压印的对象：按回车键，显示压印边效果。

绘制结果如图 10-69（c）所示。

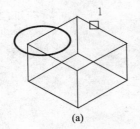 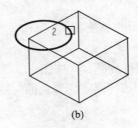 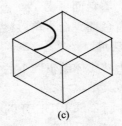

(a)　　　　　　　　　(b)　　　　　　　　　(c)

图 10-69　使用压印
(a) 选定实体；(b) 选定对象；(c) 压印在实体上了对象

10.6.10　抽壳

"抽壳"是用指定的厚度创建一个空的薄层。可以使用"抽壳"命令将一个实心的模型创建成一个空心的薄壳体；也可以为所有面指定一个固定的薄层厚度。一个三维实体只可能有一个壳。

1. 命令调用

（1）单击"实体编辑"上的"抽壳" 按钮。

（2）下拉菜单："修改"／"实体编辑"／"抽壳"。

（3）命令行：SOLIDEDIT ✓

2. 操作说明

使用"抽壳"命令，将图 10-70（a）原图形抽壳，命令行提示：

命令：SOLIDEDIT ✓

实体编辑自动检查：SOLIDCHECK＝1

输入实体编辑选项 ［面（F）／边（E）／体（B）／放弃（U）／退出（X）］ ＜退出＞：B ✓

输入体编辑选项 ［压印（I）／分割实体（P）／抽壳（S）／清除（L）／检查（C）／放弃（U）／退出（X）］ ＜退出＞：S ✓

选择三维实体：拾取立方体。

删除面或 ［放弃（U）／添加（A）／全部（ALL）］：

找到一个面，已删除 1 个，如图 10-70（b）所示。

删除面或 ［放弃（U）／添加（A）／全部（ALL）］：✓

输入抽壳偏移距离：10 ✓

已开始实体校验。

已完成实体校验。

输入体编辑选项［压印（I）/分割实体（P）/抽壳（S）/清除（L）/检查（C）/放弃（U）/退出（X）］＜退出＞：X✔

实体编辑自动检查：SOLIDCHECK＝1

输入实体编辑选项［面（F）/边（E）/体（B）/放弃（U）/退出（X）］＜退出＞：X✔

绘制结果如图 10 - 70 (c) 所示。

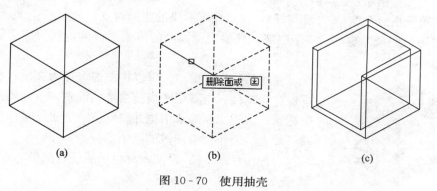

图 10 - 70　使用抽壳

10.6.11　分割、清除

1. 分割

"分割"命令是用不相连的体将一个三维实体对象分割为几个独立的三维实体对象。分割后的实体会保留原实体的图层和颜色。选择下拉菜单"修改"／"实体编辑"／"分割"，或单击"实体编辑"上的"分割" 按钮，可以使用该命令。

2. 清除

"清除"命令类似于前面"删除面"命令，可以删除共享边以及那些在边或顶点具有相同表面或曲线定义的顶点。删除所有多余的边、顶点以及不使用的几何图形。但是不删除压印的边。选择下拉菜单"修改"／"实体编辑"／"清除"，或单击"实体编辑"上的"清除" 按钮，可以使用该命令。

10.7　渲　染　实　体☆

使用 AutoCAD 2013 在屏幕上绘制好物体模型后，物体是以线框的形式显示的，不能真实地反映出物体的模样。通过对三维模型进行消隐和观察，对模型的表面赋予材质，在绘图窗口中设置光源等，在对物体模型进行渲染之后，将生成一幅具有真实感的图片，以便预览设计的效果。

10.7.1　在渲染窗口中快速渲染对象

在 AutoCAD 2013 中使用"渲染"命令，可以在打开的渲染窗口中快速地渲染当前绘图窗口中的图形。

1. 命令调用

(1) 单击"渲染"工具栏上的"渲染" 按钮。

（2）下拉菜单："视图" / "渲染" / "渲染"。

（3）命令行：RENDER ↙

2. 操作说明

执行"渲染"命令，系统将打开"渲染"窗口，并在"渲染"窗口中显示当前视图中图形的渲染效果。

"渲染"窗口分为三个窗格其功能如下：

（1）"图像"窗格：显示渲染图像。

（2）"统计信息"窗格：位于右侧，显示用于渲染的当前设置。

（3）"历史记录"窗格：位于底部，提供当前模型的渲染图像的近期历史记录以及进度条以显示渲染进度。

图 10-71　渲染后的效果

使用"渲染"窗口，可以将图像保存为文件；将图像的副本保存为文件；查看用于当前渲染的设置；追踪模型的渲染历史记录；清理、删除或清理并删除渲染历史记录中的图像；平移、放大、缩小渲染图像的某个部分。

对图 10-70（a）附加木材材质后进行渲染的效果如图 10-71 所示。

10.7.2　设置光源

在三维渲染中，设置光源很重要。AutoCAD 2013 为用户提供了 7 种光源：点光源、聚光灯、平行光、光域网灯光、目标点光源、自由聚光灯、自由光域。用户也可以根据需要进行设置。

在第一次调用"LIGHT"命令时，系统会出现"光源-视口光源模式"对话框，如图 10-72 所示。为了便于查看用户自定义的灯光效果，需要单击"关闭默认光源"按钮，关闭场景的默认光源。

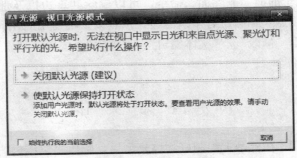

图 10-72　"光源-视口光源模式"对话框

1. 创建点光源

点光源：表示由某点向四周均匀发出光线，其强度随着距离的增加而衰减。创建点光源时，用户可以在命令行中设置光源的名称、强度、状态、阴影、衰减和颜色等选项。

（1）命令调用。

1）工具栏："渲染" / "新建点光源" / "新建点光源"。

2）下拉菜单："视图" / "渲染" / "光源" / "新建点光源"。

3）功能区：在"渲染"选项卡中，单击"光源"面板中的"创建光源"/"点"按钮。

4）命令行：POINTLIGHT✓

（2）操作说明。

执行上述操作，命令行提示：

命令：POINTLIGHT✓

指定源位置＜0，0，0＞：指定点光源的坐标。

输入要更改的选项［名称（N）/强度（I）/状态（S）/阴影（W）/衰减（A）/颜色（C）/退出（X）］＜退出＞：N✓

输入光源名称＜点光源1＞：点光源1✓

输入要更改的选项［名称（N）/强度（I）/状态（S）/阴影（W）/衰减（A）/颜色（C）/退出（X）］＜退出＞：X✓

2. 创建聚光灯

聚光灯：像手电筒一样，发射的光是一种带方向的圆锥形光束。聚光灯也可以手动设置为强度随距离衰减。聚光灯的强度始终还是根据相对于聚光灯的目标矢量的角度衰减。此衰减由聚光灯的聚光角度和照射角度控制。聚光灯可用于高亮显示模型中的特定特征和区域。

当创建聚光灯时，用户也可以设置光源的名称、强度、状态、阴影、衰减和颜色等选项。

（1）命令调用。

1）工具栏："渲染"/"新建点光源"/"新建聚光灯"。

2）下拉菜单："视图"/"渲染"/"光源"/"新建聚光灯"。

3）功能区：在"渲染"选项卡中，单击"光源"面板中的"创建光源"/"聚光灯"按钮。

4）命令行：SPOTLIGHT✓

（2）操作说明。

执行上述操作，命令行提示如下：

命令：SPOTLIGHT✓

指定源位置＜0，0，0＞：选定光源位置。

指定目标位置＜0，0，−10＞：选定照射方向。

输入要更改的选项［名称（N）/强度（I）/状态（S）/聚光角（H）/照射角（F）/阴影（W）/衰减（A）/颜色（C）/退出（X）］＜退出＞：

3. 创建平行光

平行光：只向一个方向发射的统一平行光线。光线强度并不随着距离的增加而衰减；对于每个照射的面，平行光的亮度都与其在光源处相同。可以用平行光统一照亮对象或者背景。

（1）命令调用。

1）工具栏："渲染"/"新建点光源"/"新建平行光"。

2）下拉菜单："视图"/"渲染"/"光源"/"新建平行光"。

3）功能区：在"渲染"选项卡中，单击"光源"面板中的"创建光源"/"平行光"按钮。

4）命令行：DISTANTLIGHT↙

调用该"DISTANTLIGHT"命令后，系统将出现"光源-光度控制平行光"对话框，如图 10-73 所示，单击其中的"允许平行光"按钮，就可以创建平行光。

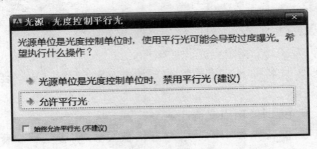

图 10-73　"光源-光度控制平行光"对话框

（2）操作说明。

执行上述操作，命令行提示：

命令：DISTANTLIGHT↙

指定光源方向 FROM<0，0，0>或 [矢量（V）]：选定光源位置。

指定光源方向 TO<1，1，1>：选定照射方向。

输入要更改的选项 [名称（N）/强度（I）/状态（S）/阴影（W）/颜色（C）/退出（X）]<退出>：输入选项设置内容。

4.光域网灯光

光域网灯光：提供现实中的光线分布。光域网是光源中强度分布的三维表示。光域网灯光可以用于表示各向异性光源分布。

调用"光域网"命令的方式有以下几种。

（1）命令行：WEBLIGHT↙

（2）功能区：在"渲染"选项卡中，单击"光源"面板中的"创建光源"/"光域网灯光"按钮。

光域网的设置同点光源，但是多出一个"光域网"设置选项，用来指定灯光光域网文件。

5.目标点光源

在命令行中输入 TARGETPOINT↙，创建目标点光源。目标点光源和点光源的区别在于其目标特性，可以指向一个对象，也可以通过将点光源的目标特性从"否"改为"是"，为点光源创建目标点光源。

6.自由聚光灯

在命令行中输入 FREESPOT↙，创建与未指定目标的聚光灯相似的自由聚光灯。

7.自由光域

在命令行中输入 FREEWEB↙，创建与光域网灯光相似，但未指定目标的自由光域。

8.查看光源列表

创建光源后，可以选择菜单"视图"/"渲染"/"光源"/"光源列表"选项，或工具栏："渲染"上的"光源列表" 按钮，打开"模型中的光源"选项板，查看创建光源的相关信息，如图 10 - 74 所示。

9. 设置阳光特性

"太阳"是模拟太阳光源效果的光源，用于显示结构投射的阴影对周围区域的影响。当使用太阳光时，用户还需要设置太阳光的地理位置。选择菜单"视图"/"渲染"/"光源"/"阳光特性"命令，或单击"渲染"工具栏上的"阳光特性" 按钮，打开"阳光特性"选项板，查看光源的某个位置的纬度、经度和北向，如图 10 - 75 所示。

图 10 - 74　"模型中的光源"选项板

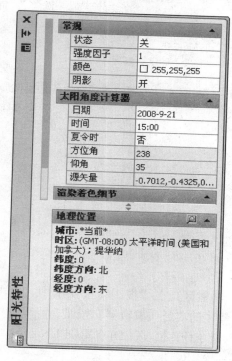

图 10 - 75　"阳光特性"选项板

10.7.3　设置渲染材质

在渲染三维图形时，使用材质可以加强模型的真实感。系统为用户提供了 300 多种材质和纹理，用户可以给不同的模型赋予不同的材质类型和参数。

1. 材质浏览器

（1）命令调用。

1）单击"渲染"工具栏上的"材质浏览器"按钮 。

2）下拉菜单："视图"/"渲染"/"材质浏览器"。

3）功能区：在"视图"选项卡中，单击"选项板"面板中的"材质浏览器"按钮。

4）命令行：MATBROWSEROPEN ↙

（2）操作说明。

执行"创建材质"命令将打开"材质浏览器"选项板，如图 10 - 76 所示，其中的"Autodesk 库"分门别类地存储了 AutoCAD 2013 预设的所有材质。单击选项板左侧的 Autodesk 库，展开材质类型并选择其中的一种，右侧的列表框中就会显示该材质类型下的所有

图 10-76　材质浏览器

子材质。通过材质名称左侧的缩略图，用户可以快速地预览材质的效果。

在"材质浏览器"右侧的材质列表框中选择所需的材质，然后单击并拖动光标至图形窗口的模型上方，就可以将该材质指定给模型。此外，在某材质上方单击鼠标右键，在弹出的快捷菜单中选择"指定给当前选择"命令，也可以将选择的材质赋予当前选择的模型。

2. 材质编辑器

若使设置的材质达到逼真的效果，不仅需要赋予模型材质，还需要对这些材质进行的设置。AutoCAD 2013 的材质编辑操作可以在"材质编辑器"中完成。

（1）命令调用。

1）单击"渲染"工具栏上的"材质编辑器"按钮 。

2）单击"材质浏览器"选项右下角"打开/关闭材质编辑器"按钮 。

3）下拉菜单：选择"视图"/"渲染"/"材质编辑器" 。

4）功能区：在"视图"选项卡中，单击"选项板"面板中的"材质编辑器"按钮。

5）命令行：MATEDITOROPEN ↙

（2）操作说明。

执行以上任意操作，将打开"材质编辑器"选项板，如图 10-77 所示。在"材质编辑器"中，用户能够新建和编辑材质。

单击"材质编辑器"选项板左下角"打开/关闭材质浏览器"按钮 ，可以打开"材质浏览器"。双击需要编辑的材质，"材质编辑器"会同步更新为该材质的效果与可调参数，可调参数包括颜色、光泽度、图像纹理等常规选项，以及透明度、自发光、凹凸等其他选项。

通过"材质编辑器"选项板上方的"外观信息"选项卡，可以查看当前材质的效果，单击其右下角的下拉按钮 ，可以对材质样例形状与渲染质量进行调整，如图 10-78 所示。单击材质名称右下角的"创建或复制材质"按钮 ，可以快捷地选择对应的材

图 10-77　材质编辑器

质类型，或者在该基础上进行编辑，如图 10 - 79 所示。

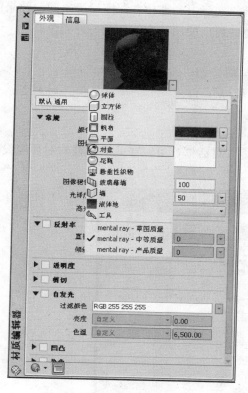

图 10 - 78 调整材质显示效果

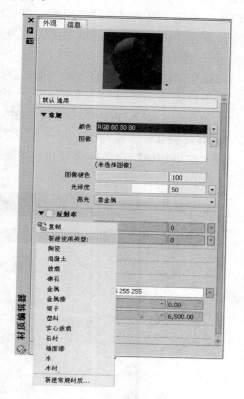

图 10 - 79 选择编辑材质类型

10.7.4 设置贴图

用户可以使用贴图为对象设置材质。

1. 命令调用

（1）单击"渲染"工具栏上的"贴图" ⬦ 按钮进行 4 选 1。

（2）下拉菜单："视图" / "渲染" / "贴图"。

（3）功能区：在"渲染"选项卡中，单击"材质"面板中的"材质贴图"按钮。

（4）命令行：MATERIALMAP ↙

2. 操作说明

系统为用户提供了 4 种贴图方式：平面贴图、长方体贴图、球面贴图和柱面贴图。

（1）平面贴图 ⬦：将图像映射到对象上，就像将其从幻灯片投影器投影到二维曲面上一样。图像不会失真，但是会被缩放以适应对象。该贴图常用于面。

（2）长方体贴图 ⬦：将图像映射到类似长方体的实体的每个面上。

（3）球面贴图 ⬦：在水平和垂直两个方向上同时使图像弯曲。纹理贴图的顶边在球体的"北极"压缩为一个点；底边在"南极"也压缩为一个点。

（4）柱面贴图 ⬦：将图像映射到圆柱形对象上，水平边将一起弯曲，但顶边和底边不会弯曲。图像的高度将沿圆柱体的轴进行缩放。

10.7.5　渲染环境

渲染环境用于提供对象外观距离的视觉提示。实际上，雾化和深度设置是同一效果的两个极端。雾化为白色，而传统的深度设置为黑色。可以使用其中的任意一种颜色。

1. 命令调用

(1) 单击"渲染"工具栏上的"渲染环境" 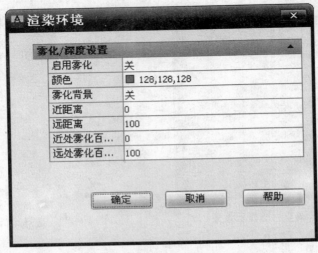 按钮。

(2) 下拉菜单："视图" / "渲染" / "渲染环境"。

(3) 命令行：RENDERENVIRONMENT✓

2. 操作说明

执行"渲染环境"命令，会打开"渲染环境"对话框，可以在此对话框内对环境设置雾化效果，如图 10-80 所示。

图 10-80　"渲染环境"对话框

其中各选项含义如下：

(1) 启用雾化：启用雾化或者关闭雾化，不会影响对话框中的其他设置。

(2) 颜色：指定雾化颜色。

(3) 雾化背景：对背景进行雾化，也对几何图形进行雾化。

(4) 近距离：指定从雾化开始处到相机的距离。

(5) 远距离：指定从雾化结束处到相机的距离。

(6) 近处雾化百分比：指定近距离处雾化的不透明度。

(7) 远处雾化百分比：指定远距离处雾化的不透明度。

10.7.6　高级渲染设置

在渲染较高质量的图像时，高级渲染设置可以控制多项影响渲染器处理渲染任务的设置。

1. 命令调用

(1) 单击"渲染"工具栏上的"高级渲染设置" 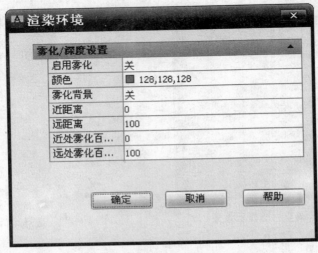 按钮。

(2) 下拉菜单："工具" / "选项板" / "高级渲染设置"。

(3) 下拉菜单："视图" / "渲染" / "高级渲染设置"。

（4）命令行：RPREF↙

2. 操作说明

执行"高级渲染设置"命令，系统会出现"高级渲染环境"选项板，如图 10-81 所示。通过"高级渲染环境"选项板可以设置渲染的高级选项，渲染类型以及渲染预定参数，比如光线追踪、间接发光、诊断和处理等。

单击"高级渲染环境"选项板上的"选择渲染预设"下拉列表，如图 10-82 所示选择"管理渲染预设"选项，将打开"渲染预设管理器"对话框，如图 10-83 所示。通过"渲染预设管理器"对话框，用户可以自己设置渲染预设参数。

图 10-81 "高级渲染环境"选项板　　图 10-82 "管理渲染预设"选项

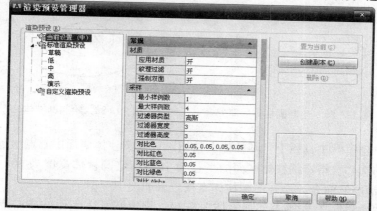

图 10-83 "渲染预设管理器"对话框

10.8 绘 制 三 维 实 体

绘制如图 10 - 84 所示的餐桌椅三维图。

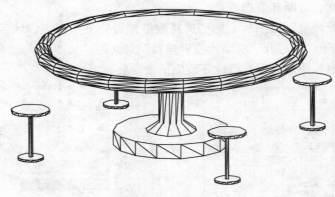

图 10 - 84　餐桌椅

1. 绘制圆桌

利用最基本的三维实体命令绘制圆桌，该圆桌由圆柱体、圆锥体、长方体和圆环体组成。

具体操作步骤如下：

(1) 选择"视图" / "三维视图" / "西南等轴测图"命令，进入西南等轴侧图三维绘图环境。

(2) 单击"建模"工具栏上"圆柱体"按钮，执行圆柱体命令，绘制圆桌底座。以默认原点为圆柱体底面中心点，设定圆柱体底面半径为 45，设定圆柱体高度为 12，按回车键，圆桌底座效果如图 10 - 85 所示。

(3) 单击"建模"工具栏 / "圆锥体"按钮，指定圆锥体底面的中心点 (0，0，12)，即圆柱体上表面圆心为圆锥体底面中心点坐标，设定圆锥体底面半径长度为 20，设定圆锥体高度为 15，按回车键，选择"视图" / "消隐"命令。绘制的圆锥体效果如图 10 - 86 所示。

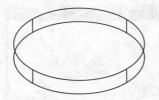

图 10 - 85　绘制圆柱体底座

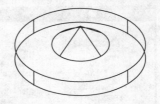

图 10 - 86　绘制圆锥体

(4) 单击"建模"工具栏上"圆柱体"按钮，设定圆柱体底面中心点坐标 (0，0，12)，即圆锥体底面的圆心，指定圆柱体底面的半径为 10，指定圆柱体高度为 60，按回车键，选择"视图" / "消隐"命令。绘制的圆柱体支柱效果如图 10 - 87 所示。

(5) 单击"建模"工具栏上"圆锥体"按钮，指定圆锥体底面的中心点 (0，0，72)，即圆锥体底面中心点坐标为前一个圆柱体上底面圆心，设定圆锥体底面半径为 20，设定圆锥体底面半径—15，锥体倒立，按回车键，选择"视图"/"消隐"命令。绘制的倒圆锥体效果如图 10-88 所示。

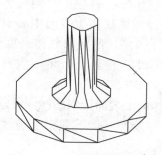
图 10-87 绘制圆柱体支柱图

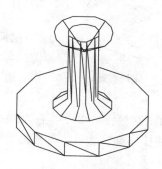
图 10-88 绘制倒圆锥体

（6）单击"建模"工具栏上"长方体"按钮，采用中心点绘制长方体方式，输入 C，指定长方体的中心点坐标（0，0，72），即倒圆锥体底面圆心。通过长度方式设置长方体尺寸，输入 L，设定长方体长度为 40，设定长方体宽度为 40，设定长方体高度为 6，按回车键，选择"视图"/"消隐"命令。绘制的长方体效果如图 10-89 所示。

（7）单击"建模"工具栏上"画柱体"按钮，设定圆柱体底面中心点坐标（0，0，75），即长方体上表面中心，设定圆柱体底面半径 100，设定圆柱体高度为 6，按回车键，选择"视图"/"消隐"命令。绘制的桌面圆柱体效果如图 10-90 所示。

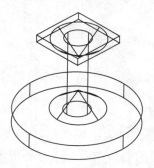
图 10-89 绘制长方体

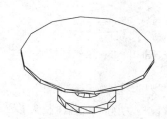
图 10-90 绘制桌面圆柱体

（8）单击"建模"工具栏上"圆环体"按钮，指定圆环体中心坐标（0，0，78），即桌面圆柱体中心，指定圆环体半径为 100，设定圆环体的圆管半径为 6，按回车键，执行并集运算，将以上实体合并。选择"视图"/"消隐"命令，绘制的圆桌如图 10-91 所示。

2．绘制座椅

（1）选择"视图"/"三维视图"/"俯视"命令，进入俯视图绘图环境。

（2）单击"建模"工具栏上"圆柱体"按钮，执行圆柱体命令，绘制座椅底座。以默认原点为圆柱体底面中心点，设定圆柱体底面半

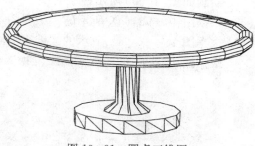
图 10-91 圆桌三维图

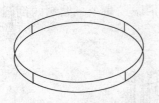

图 10-92　座椅底座

径为 10，设定圆柱体高度为 2，按回车键，在西南等轴侧图三维绘图环境下座椅底座效果如图 10-92 所示。

（3）单击"建模"工具栏上"圆柱体"按钮，执行圆柱体命令，选择座椅底座上表面中心点为圆心，设定圆柱体底面半径为 1.5，设定圆柱体高度为 40，按回车键，在西南等轴侧图三维绘图环境下观察绘制效果如图 10-93 所示。

（4）重复绘制圆柱体的命令，在刚绘制的圆柱体的上表面绘制圆柱，设定圆柱体底面半径为 15，设定圆柱体高度为 2，在西南等轴侧图三维绘图环境下观察绘制效果如图 10-94 所示。

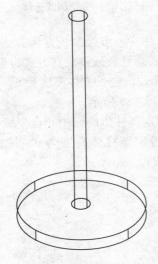

图 10-93　绘制圆柱体

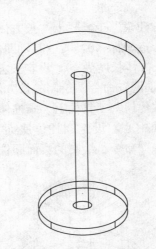

图 10-94　绘制座椅面

（5）选择"视图"/"三维视图"/"俯视"命令，进入俯视图绘图环境。使用"阵列"命令，项目总数设置为 4，框选座椅，以圆桌上表面圆心为中心，进行环形阵列，绘制结果如图 10-84 所示。

10.9　上机练习

1. 绘制如图 10-95 所示柱子底座。
2. 根据图 10-96（a）所示的二维视图绘制图 10-96（b）所示的旋转实体。
3. 根据图 10-97（a）所示的二维视图绘制图 10-97（b）所示的三维漏花实体。
4. 根据图 10-98（a）所示的二维视图绘制图 10-98（b）所示的三维墙体。（墙体高 3000mm）

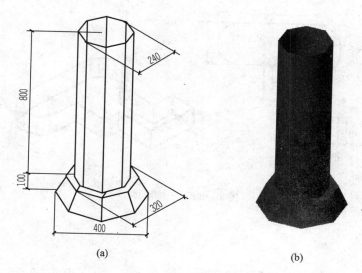

图 10-95 柱子底座

(a) 柱子底座尺寸；(b) 消隐着色的结果

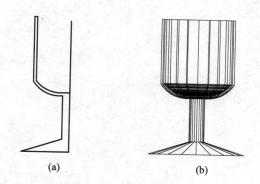

图 10-96 旋转实体

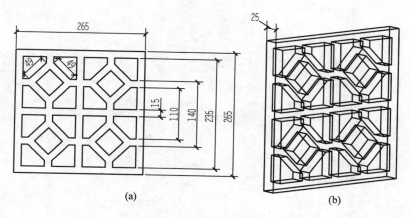

图 10-97 三维漏花

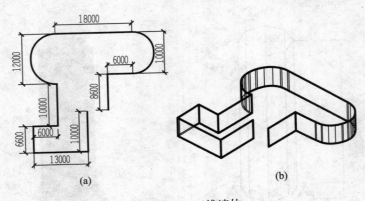

图 10 - 98　三维墙体

第 11 章 绘 制 建 筑 施 工 图

教学要点

★ 绘制图框和标题栏
★ 绘制楼梯剖面图
★ 绘制房屋立面图
★ 绘制房屋剖面图
★ 绘制房屋平面图

每一张图纸都要用到图框和标题栏，它是施工图的不可缺少的组成部分。楼梯剖面图、房屋立面图、房屋剖面图、房屋平面图是十分重要的建筑施工图，本章将通过具体的例题来介绍它们的绘制过程。

11.1 绘制图框和标题栏

按比例 1∶1 绘制 A2 图框及标题栏、标题栏尺寸如图 11-1、图 11-2 所示。

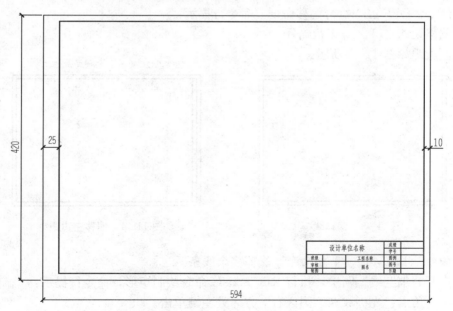

图 11-1 A2 图框及标题栏

操作步骤如下：

（1）设置图层"粗实线"和"细实线"，将"细实线"设为当前图层。

25	35	60	25	35

图 11-2　标题栏尺寸

命令：RECTANG✓　绘制矩形命令，命令行提示：

指定第一角点：光标放在绘图区左下方，用鼠标左键单击。

（2）命令行提示：

指定另一角点：@594，420✓　键盘输入。

（3）命令：OFF✓　执行偏移命令，命令行提示：

指定偏移距离：10✓　键盘输入。

（4）命令行提示：

选择要偏移的对象：用光标选择矩形✓

（5）命令行提示：

指定要偏移的那一侧上的点：把光标放在矩形内侧用鼠标左键单击。

偏移线框如图 11-3 所示。

（6）命令：EXPLODE✓　执行分解命令，命令行提示：

选择对象：光标选择内侧矩形✓

（7）命令：OFF✓　执行偏移命令，命令行提示：

指定偏移距离：15✓　键盘输入。

偏移左边距如图 11-4 所示。

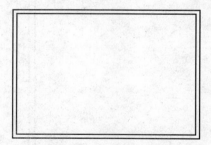

图 11-3　偏移线框

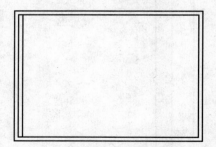

图 11-4　偏移左边距

（8）命令：TRIM✓　剪切命令，修剪多余线条。

（9）打开"细实线"图层，执行 RECTANG 命令绘制矩形，命令行提示：

指定第一角点：光标放在绘图区右下方×处左键单击。

指定另一角点：@－180，30✓　键盘输入。

完成图框线和标题栏外框线绘制，如图 11-5 所示。

（10）命令：EXPLODE✓　执行分解命令，命令行提示：

选择对象：光标选择小矩形✓

（11）命令：OFF ↙　执行偏移命令，进行竖线偏移与横线偏移，得到标题栏分格线，如图 11-6 所示图形。

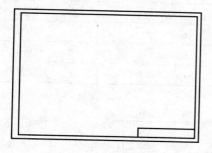

图 11-5　绘制标题栏

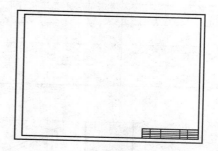

图 11-6　标题栏分格线

（12）命令：TRIM ↙　剪切命令，命令行提示：

选择对象：框选右下角 ↙

选择剪切对象：光标单击要剪切的线段，标题栏绘制结果如图 11-7 所示。

（13）在标题栏标注文字如图 11-8 所示。

（14）将图框线和标题栏外框线转换成"粗实线"图层，先选择图框线和标题栏外框线再选择"粗实线"图层，图框及标题栏绘制结果如图 11-1 所示。

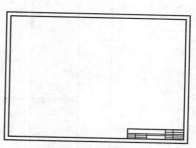

图 11-7　绘制标题栏

设计单位名称			成绩	
			学号	
班级		工程名称	图例	
审核			图号	
制图		图名	日期	

图 11-8　标题栏标注文字

11.2　绘 制 楼 梯 剖 面 图

绘制如图 11-9 所示的楼梯剖面图。

绘制步骤如下：

（1）设置 9 种图层，见表 11-1。

表 11-1　　　　　　　　　　9 种 图 层

名　称	颜　色	线　型	线　宽
0	白	continuous	默认
地坪	白	continuous	0.7
辅助	红	continuous	默认
门窗	洋红	continuous	默认
墙体	白	continuous	默认

续表

名　称	颜　色	线　型	线　宽
楼梯	白	continuous	默认
填充	白	continuous	默认
标高	白	continuous	默认
尺寸	白	continuous	默认

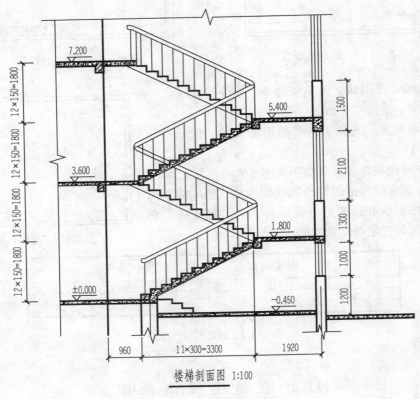

楼梯剖面图 1:100

图 11 - 9　楼梯剖面图

（2）建立 A3 图纸幅面（297mm×420mm），使用"比例"图标将该图幅放大 100 倍，即采用 1：100 绘制楼梯剖面图。

（3）打开在"辅助"图层，执行 LINE 绘制直线命令，绘制一条水平线和竖直线，再执行 OFF 偏移命令，偏移距离及绘制墙轴线及楼地面位置线，如图 11 - 10 所示。

（4）执行 OFF 偏移命令，绘制主要辅助线网，以 A、B 线为基线，偏移距离如图 11 - 11 所示。

（5）执行 OFF 偏移命令，将上部三条线（各楼面线）向下偏移 1800，再执行 TRIM 修剪命令，确定楼梯段的起止点，擦去 A 线，修剪结果如图 11 - 12 所示。

（6）执行 OFF 偏移和 TRIM 修剪命令，绘制底层室内台阶，结果如图 11 - 13 所示。

（7）在图外侧空白处，执行 PLINE 多段线命令，在命令行分别输入"@0，150"和"@300，0"绘制第一级楼梯踏步，打开状态栏"捕捉"，执行 COPY 复制命令，连续复制

11 步楼梯踏步，连接梯段两端点，并向下偏移 100，绘制一个梯段；执行 MIRROR 镜像命令得到另一方向梯段，结果如图 11 - 14 所示。

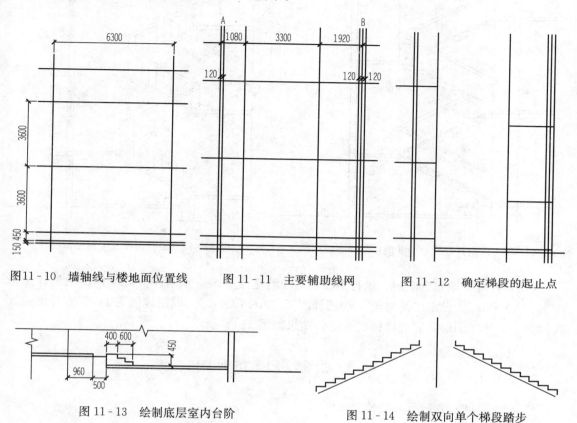

图 11 - 10　墙轴线与楼地面位置线　　　　图 11 - 11　主要辅助线网　　　　图 11 - 12　确定梯段的起止点

图 11 - 13　绘制底层室内台阶　　　　　　　图 11 - 14　绘制双向单个梯段踏步

（8）打开状态栏"捕捉"，执行 COPY 复制命令，将绘制好的梯段复制到各层楼面；再执行 OFF 偏移和 TRIM 修剪命令绘制楼板，向下偏移 100，结果如图 11 - 15 所示。

（9）采用 PLINE 多段线、TRIM 修剪和 COPY 复制命令，绘制折断线和转角处各平台梁断面，梁宽 240，高 300（自楼板顶面量起）。

（10）采用 LINE 直线和 COPY 复制命令，将斜线分别向上位移 800、100，竖直线取各中点或端点，绘制楼梯栏板框架，结果如图 11 - 16 所示。

（11）执行 TRIM 修剪和 COPY 复制命令完成栏板的绘制。

（12）在"门窗"图层下执行 LINE 直线命令绘制窗户剖面，打开状态栏"捕捉"，执行 TRIM 修剪和 COPY 复制命令复制各栏杆于踏步中点，结果如图 11 - 17 所示。

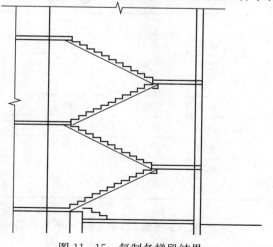

图 11 - 15　复制各梯段结果

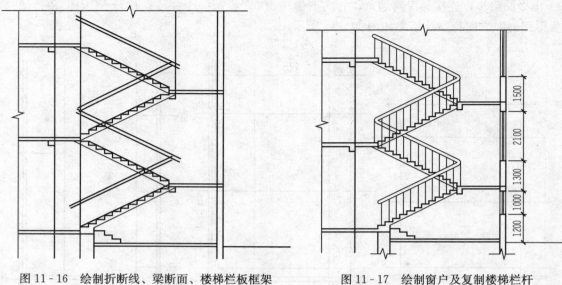

图 11-16   绘制折断线、梁断面、楼梯栏板框架   图 11-17   绘制窗户及复制楼梯栏杆

（13）打开"填充"图层，执行 BHATCH 填充命令，绘制钢筋混凝土剖面图例，选择图案"ANSI31"，设定比例为 30；再选择图案"AR-CONC"，设定比例为 1；将室外地面线转换为"地坪"图层，完成楼梯剖面图，结果如图 11-9 所示。

11.3   绘制房屋立面图

绘制如图 11-18 所示办公楼立面图。

绘图步骤如下：

（1）设置 9 种图层，并将"辅助"层置为当前图层，见表 11-2。

表 11-2   9 种图层设置

名 称	颜 色	线 型	线 宽
0	白	continuous	默认
墙体	白	continuous	默认
辅助	红	continuous	默认
门窗	白	continuous	默认
尺寸	绿	continuous	默认
地坪	白	continuous	0.7
文字	白	continuous	默认
标高	绿	continuous	默认
填充	白	continuous	默认

（2）建立 A3 图纸幅面（420mm×297mm），再使用"比例"命令将该图幅放大 100 倍，即采用 1∶100 比例绘制办公楼立面图。

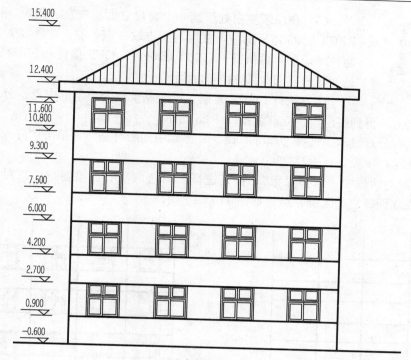

正立面图 1:100

图 11-18 办公楼正立面图

（3）打开"正交"在"墙体"图层下执行 LINE 直线命令绘制地坪线；在"辅助"图层下执行 LINE 直线和 OFF 偏移命令绘制墙轴线，距离 3500，如图 11-19 所示。

（4）执行 LINE 直线命令，过地坪线作一条直线应适当延长，选择偏移命令向上平移 1500、1800，分别选择 1、2 直线连续向上平移 3200，得到立面主要辅助线网，如图 11-20 所示。

（5）选用下拉菜单"格式"/"点样式"，在"点样式"对话框中选择点样式，把"点样式"设定为 ⊕。

（6）执行 TRIM 修剪命令将两侧修剪整齐。选用下拉菜单"绘图"/"点"/"定数等分"在命令行输入"8"，结果如图 11-21 所示。

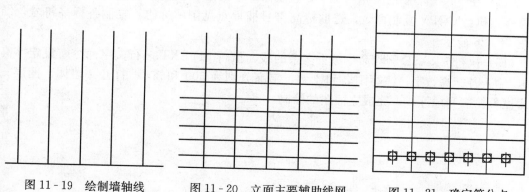

图 11-19 绘制墙轴线   图 11-20 立面主要辅助线网   图 11-21 确定等分点

图 11 - 22　窗户立面

(7) 在图纸空白处绘制一个窗户立面。先在"门窗"图层下执行 RECTANG 矩形命令，在屏幕上点取一点，输入"@1800，1800"绘制一个矩形，再执行 EXPLODE 分解、OFF 偏移和 TRIM 修剪命令，绘制窗户立面如图 11 - 22 所示。

(8) 执行 COPY 复制，指定基准点为窗下部中点，分别复制到立面图各等分点上，得到底层窗户立面如图 11 - 23 所示。

(9) 关闭等分点显示。选择"删除"命令，擦除中间所有竖线。单击"阵列"命令，在对话框中输入 4 行 1 列，行偏移 3300。

(10) 单击对话框中"选择对象"，打开选择窗口选取所有已绘窗户，在对话框中单击"确定"，完成立面窗户的绘制，结果如图 11 - 24 所示。

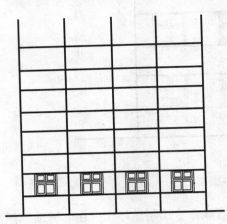

图 11 - 23　底层窗户立面

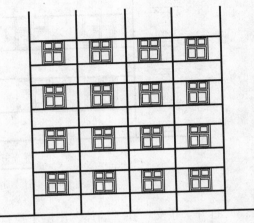

图 11 - 24　立面窗户绘制结果

(11) 执行 OFF 偏移命令，将两侧墙线向外偏移 800。在"辅助"图层下过顶层窗上坪作一条水平线，执行 OFF 偏移命令向上连续偏移 300、500、3000，如图 11 - 24 所示。

(12) 分别过 A、B 两点作 30°斜线，执行 TRIM 修剪和 ERASE 删除命令，绘制结果如图 11 - 25 所示。

(13) 在"填充"图层下选择"图案填充"命令，选中图案"LINE"，输入角度"90"，比例"100"，填充瓦屋面图案，如图 11 - 25 所示。

(14) 在"尺寸"图层下执行 LINE 直线命令于图左侧绘制辅助线网，在图外侧绘制标高符号，执行 COPY 复制命令，选取标高符号捕捉点见图中标志，复制各标高符号，结果如图 11 - 26 所示。

(15) 执行 ERASE 删除命令擦去多余的线，执行 MTEXT 多行文字命令，设定字高为300，输入各标高数字；注写图名和比例，字高分别为 500 和 300；打开"墙体"图层，加深房屋外轮廓和地坪线，完成立面图的绘制。

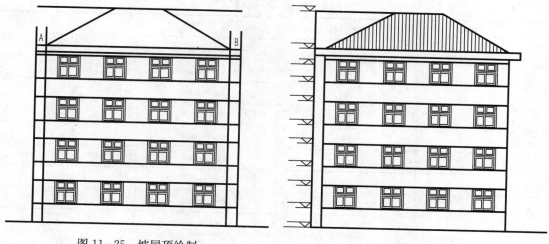

图 11 - 25　坡屋顶绘制　　　　　　　　图 11 - 26　绘制标高符号

11.4　绘制房屋剖面图

绘制如图 11 - 27 所示的房屋剖面图。

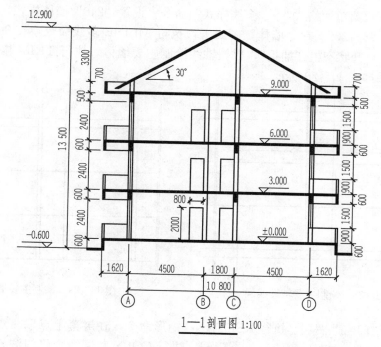

图 11 - 27　房屋剖面图

操作步骤如下：

（1）选择设立 10 种图层，见表 11 - 3。

表 11 - 3　　　　　　　　　　　10 种图层设置

名　称	颜　色	线　型	线　宽
0	白	continuous	默认
墙体	白	continuous	0.35
辅助	红	continuous	默认
门窗	白	continuous	默认
填充	青	continuous	默认
地坪	白	continuous	0.7
文字	白	continuous	默认
梁断面	青	continuous	默认
标高	绿	continuous	默认
尺寸	绿	continuous	默认

（2）建立 A4 图纸幅面（297mm × 210mm），再使用"比例"命令将该图幅放大 100 倍，即采用 1∶100 比例绘制房屋剖面图。

（3）在"辅助"图层下执行 LINE 直线和 OFF 偏移。命令绘制主要辅助线网，偏移距离如图 11 - 28 所示。

（4）选用下拉菜单"格式" /"多线样式"命令，设置"240"墙体样式，将元素偏移量设为"120"和"－120"。在"墙体"图层下，执行 MLINE 多线命令，在命令行输入 J 回车；再输入 Z，打开状态栏"捕捉"，根据轴线绘制主要墙体。执行 TRIM 修剪命令，剪切多余的线，结果如图 11 - 29 所示。

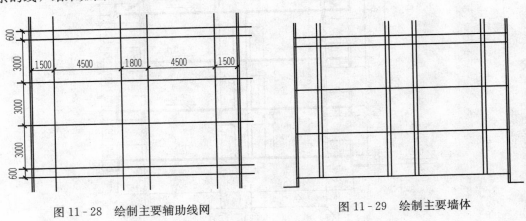

图 11 - 28　绘制主要辅助线网　　　　　　　图 11 - 29　绘制主要墙体

（5）打开"门窗"图层，执行 RECTANG 矩形命令，在屏幕上点取一点，在命令行输入"@800，2000"，在图外侧绘制一个门洞，执行 COPY 复制命令将门洞复制到底层，基点为门洞右下角，结果如图 11 - 30 所示。

（6）执行 ARRAY 阵列命令，绘制所有门洞立面。结果如图 11 - 31 所示。

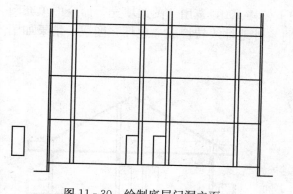

图 11-30　绘制底层门洞立面

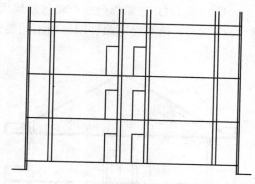

图 11-31　绘制所有门洞立面

（7）执行 EXPLODE 分解和 ERASE 删除命令，擦去多余墙线。执行 OFF 偏移命令将地平线向上偏移 900，1500；采用 ARRAY 阵列命令，在对话框"行偏移"中输入 3000，"行"输入 3，"列"输入 1，选取已绘制的两水平线，得到门窗剖面位置线，结果如图 11-32 所示。

（8）执行 OFF 偏移命令，将屋面线向上偏移 600，再执行 TRIM 修剪命令，剪切多余的线，结果如图 11-33 所示。

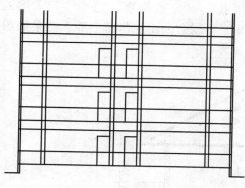

图 11-32　门窗剖面位置线

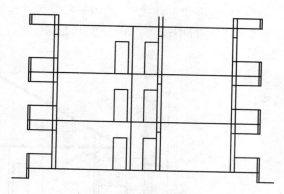

图 11-33　门窗剖面轮廓线

（9）打开"填充"图层执行 BHATCH 图案填充命令，在弹出的对话框中，选用填充图案"SOLID"，填充各梁断面图例，结果如图 11-34 所示。

（10）在"辅助"图层下执行 LINE 直线命令，如图 11-35 所示的 C、D 点分别画一条 30°斜线；执行 OFF 偏移命令，将两斜线向上偏移 100，屋面线向下偏移 200，执行 EXTEND 延伸命令，使屋面各斜线延伸至该水平线。采用 TRIM 修剪命令，剪切多余的线，绘制出坡屋面。

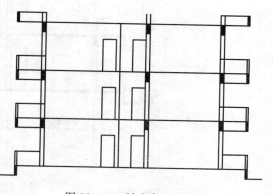

图 11-34　填充各梁断面

（11）采用 OFF 偏移命令，将各楼地面向下偏移 100，选用"图案填充"命令中填充图案"SOLID"，填充楼地面和屋面断面图案。将室外地坪线转换成"地坪"图层，结果如图 11 - 36 所示。

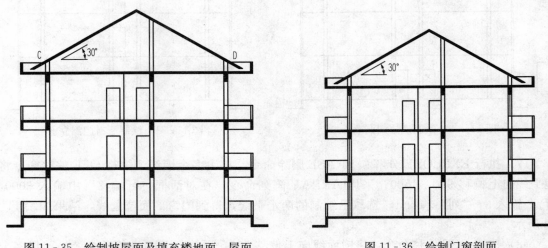

图 11 - 35　绘制坡屋面及填充楼地面、屋面　　　　图 11 - 36　绘制门窗剖面

（12）设定"点样式"，选用下拉菜单"绘图"/"点"/"定数等分"，在命令行"输入线段数目"一行中输入"3"；使用 LINE 直线和 COPY 复制命令绘制门窗剖面，结果如图 11 - 37 所示。

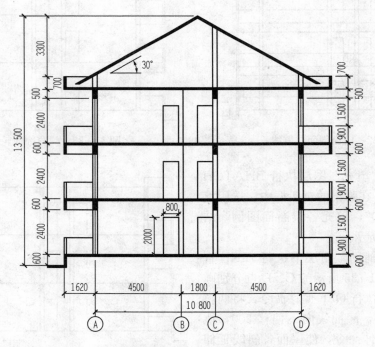

图 11 - 37　剖面图的尺寸标注

（13）选用下拉菜单"格式"/"标注样式"命令，设置"线性"和"角度"两种尺寸标

注样式，把"线性"标注对话框中"主单位"／"全局比例"设置为"100"。

（14）在"标注"工具栏上单击"线性"和"连续"命令图标，标注外部及内部尺寸；再采用 EXPLODE 分解和 MOVE 移动命令调整尺寸数字位置，使数字清晰。

（15）在图外侧绘制轴线编号，半径为 400，创建带属性的"块"，单击"插入块"命令，绘制轴线编号，完成剖面图的尺寸标注，结果如图 11-37 所示。

（16）执行 LINE 直线命令，在图外侧绘制两种标高符号，设定标高符号捕捉点，结果如图 11-38 所示。

图 11-38 绘制两种标高符号

（17）打开状态栏"捕捉"，执行 COPY 复制命令，把两种标高符号分别复制到相应的位置。设立"文字格式"，在对话框中"字体名"选用"宋体"，执行 MTEXT 多行文字命令，设置字高分别为"500"和"300"，标注图名、比例以及标高数字，完成剖面图的绘制，如图 11-27 所示。

11.5 绘制房屋平面图

绘制如图 11-39 所示的房屋建筑平面图。

操作步骤如下：

（1）先设置 9 种线型图层，将"辅助"层设为当前层，见表 11-4。

表 11-4   9 种线型图层

名　称	颜　色	线　型	线　宽
0	白	continuous	默认
墙体	白	continuous	0.35
辅助	红	continuous	默认
门窗	白	continuous	默认
填充	青	continuous	默认
地坪	白	continuous	0.7
文字	白	continuous	默认
轴线	红	center2	默认
尺寸	绿	continuous	默认

（2）建立 A3 图纸幅面（420mm × 297mm），再使用"缩放"命令将该图幅放大 100 倍，即采用 1：100 比例绘制住宅标准层平面图。

（3）打开"正交"，在"轴线"图层下执行 LINE 直线和 OFF 偏移命令绘制平面墙体轴网线、尺寸，如图 11-40 所示。

（4）选用下拉菜单"格式"／"多线样式"命令，打开"多线样式"对话框，单击"新建"打开"创建新的多线样式"对话框，在"新样式名"栏中输入"24 墙体"。单击"继续"选项，打开"新建多线样式：24 墙体"对话框，将其中的元素偏移量设为 120 和 −120，完成 240 墙体多线的设置。用同样方法设置"新样式名称"为"12 墙体"，元素偏移量设为 60 和 −60 的多线样式，完成"12 墙体"多线的设置。

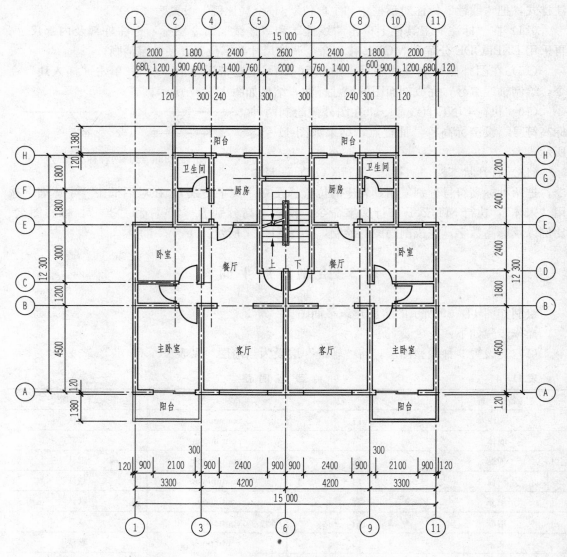

标准层平面图1:100

图 11-39　住宅标准层平面图

（5）在"墙体"图层下调用下拉菜单命令"绘图"/"多线"，在命令行输入"J"（对齐）并按回车键；输入"Z"（无）按回车键，输入"ST"（样式）按回车键，输入"24墙"；输入"S"（比例）按回车键，输入"1"按回车键；打开状态栏上"捕捉"，根据轴线绘制 240 多线墙体；用同样方法绘制 120 墙体；然后在"辅助"图层下选用"12 墙体"样式，输入"J"（对齐）并按回车键，输入"T"（上），绘制南面阳台栏板线；在"辅助"图层下选择"12 墙体"样式，输入"J"（对齐）按回车键，输入"T"（上）按回车键，绘制北面阳台栏板线，绘图结果如图 11-41 所示。

（6）执行 EXPLODE 分解命令通过选择窗口选取所有图线，执行 TRIM 修剪命令，窗口选取所有图线，对墙体交接处进行修剪，修剪结果如图 11-42 所示。

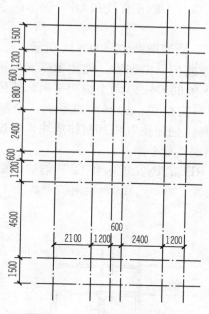

图 11-40 平面墙体轴线网

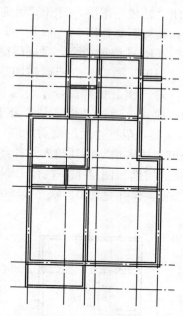

图 11-41 用多线绘制墙体和阳台栏板

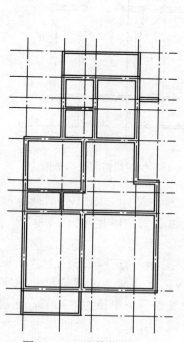

图 11-42 墙体修剪结果

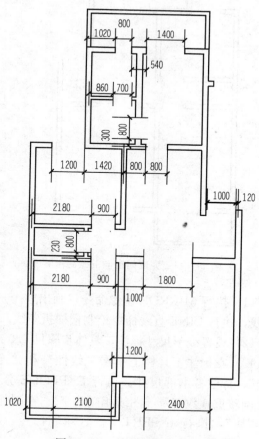

图 11-43 绘制门窗位置线

（7）关闭"轴线"图层，打开"辅助"图层，执行 LINE 直线和 OFF 偏移命令，绘制门窗位置线，偏移距离如图 11-43 所示。

（8）执行 TRIM 修剪命令，完成门窗洞的绘制，绘制结果如图 11-44 所示。

（9）在"门窗"图层下位于墙体图形之外侧绘制门、窗图形，使用 RECTANG 矩形、EXPLODE 分解、OFF 偏移命令，绘制 1500×240 和 600×240 两个窗户平面，选用"创建块"将其制作成块，通过"插入块"将其插入到各自位置，绘制窗户平面。绘制半径为 1000 的圆，连接象限点，通过裁剪绘制门扇，选择"创建块"将其制作成块，通过按设定比例及其角度"插入块"将其插入到各自位置，绘制门扇平面。

（10）在"辅助"图层下，执行 LINE 直线、RECTANG 矩形和 OFF 偏移命令绘制楼梯平台宽 1200、梯井宽 200、扶手宽 80、梯段长 8×300＝2400，绘图结果如图 11-45 所示。

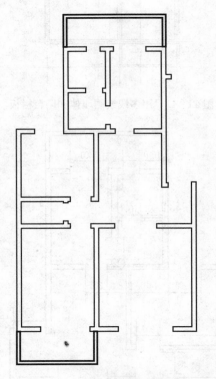

图 11-44　完成门窗洞的绘制

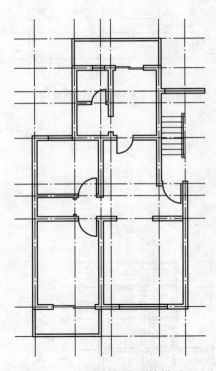

图 11-45　绘制门窗和楼梯平面

（11）执行 MIRROR 镜像命令，画出整个房屋的平面图，使用 TRIM 修剪命令删除多余的线，执行 LINE 直线命令绘制楼梯折断线，绘制结果如图 11-46 所示。

（12）设置线形尺寸标注，具体步骤见 7.5 节应用示例。

（13）在标注工具栏上单击"线性"和"连续"命令图标，打开状态栏上"捕捉"和"正交"，标注各细部尺寸。执行 EXPLODE 分解和 MOVE 移动命令，调整尺寸数字位置（主要调整重叠数字及与图线相交数字）。在图外侧绘制轴线编号，半径为"400"，创建带属性的"块"，执行 INSERT "插入块"命令，绘制轴线编号，完成平面图尺寸标注，如图 11-47所示。

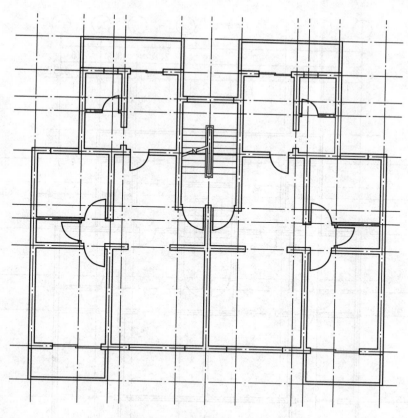

图 11 - 46　整个住宅的平面图

　　(14) 选用下拉菜单："格式"/"文字格式"命令，在对话框中选用"宋体"、字高 "500"，执行 TEXT 单行文字命令，标注各房间名称。执行 MTEXT 多行文字命令，设置字 高 "500" 和 "400" 标注图名和比例，完成平面图的绘制，如图 11 - 39 所示。

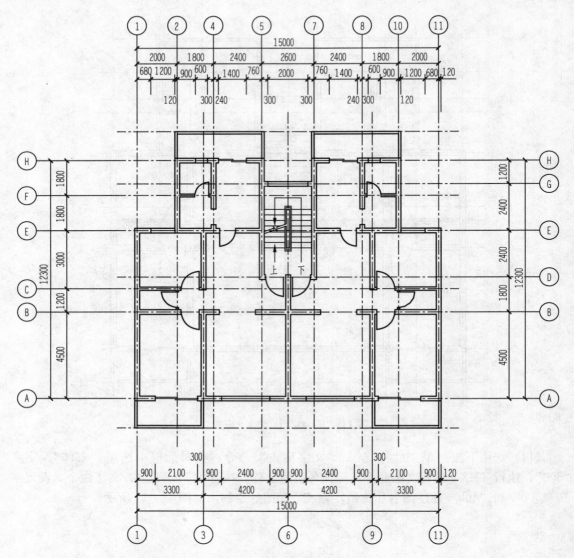

图 11 - 47 平面图尺寸标注

参 考 文 献

[1] 陈志民. AutoCAD 2012 实用教程 [M]. 北京：机械工业出版社，2011.

[2] 史宇宏. 中文版 AutoCAD 2012 标准教程 [M]. 北京：兵器工业出版社，北京希望电子出版社，2011.

[3] 杨立辉，赵京，孟志辉. AutoCAD 2008 建筑设计入门到精髓 [M]. 北京：机械工业出版社，2008.

[4] 黄琴，黄浩. AutoCAD 2008 中文版建筑施工图实例教程 [M]. 北京：机械工业出版社，2007.

[5] 崔晓利，杨海茹，贾立红. 中文版 AutoCAD 工程制图上机练习与指导 [M]. 北京：清华大学出版社，2007.

[6] 李国琴，孙京平. AutoCAD 2006 绘制机械图训练指导 [M]. 北京：中国电力出版社，2006.

[7] 韦杰太，余强. 中文 AutoCAD 2006 建筑制图实用教程 [M]. 北京：中国林业出版社，北京希望电子出版社，2006.

[8] 王斌，马进. 中文版 AutoCAD 2006 实用教程 [M]. 北京：清华大学出版社，2006.

[9] 李智辉，张灶法. AutoCAD 建筑制图习题集锦 [M]. 北京：清华大学出版社，2005.

[10] 刘宝箴. 单元式住宅户型设计图集 [M]. 北京：中国建筑工业出版社，2006.

[11] 建筑艺术工作室. 2000 住宅设计经典 [M]. 北京：中国水利水电出版社，2000.